家蚕类 ω^3-/Δ^6-脂肪酸脱氢酶基因克隆、表达及功能研究

于海彦　著

四川大学出版社
SICHUAN UNIVERSITY PRESS

图书在版编目（CIP）数据

家蚕类 ω3-/Δ6- 脂肪酸脱氢酶基因克隆、表达及功
能研究 / 于海彦著 . -- 成都：四川大学出版社，2024.
11. -- ISBN 978-7-5690-7090-3

Ⅰ . S885.9

中国国家版本馆 CIP 数据核字第 2024L3303F 号

书　　名：家蚕类 ω3-/Δ6- 脂肪酸脱氢酶基因克隆、表达及功能研究
　　　　　Jiacanlei ω3-/Δ6-Zhifangsuan Tuoqingmei Jiyin Kelong、Biaoda
　　　　　ji Gongneng Yanjiu
著　　者：于海彦

选题策划：王　睿
责任编辑：王　睿
特约编辑：孙　丽
责任校对：蒋　玙
装帧设计：开动传媒
责任印制：李金兰

出版发行：四川大学出版社有限责任公司
　　　　　地址：成都市一环路南一段 24 号（610065）
　　　　　电话：（028）85408311（发行部）、85400276（总编室）
　　　　　电子邮箱：scupress@vip.163.com
　　　　　网址：https://press.scu.edu.cn
印前制作：湖北开动传媒科技有限公司
印刷装订：武汉乐生印刷有限公司

成品尺寸：170mm×240mm
印　　张：9.5
字　　数：194 千字

版　　次：2024 年 11 月 第 1 版
印　　次：2024 年 11 月 第 1 次印刷
定　　价：72.00 元

本社图书如有印装质量问题，请联系发行部调换

扫码获取数字资源

四川大学出版社
微信公众号

前　　言

家蚕是重要的经济昆虫之一,也是非常重要的试验材料。蚕蛹是重要的蚕桑产业副产品,对蚕蛹脂肪酸组成及其合成机制的研究可以为蚕蛹的综合利用提供理论依据,因此对家蚕脂肪酸合成代谢的分子机制研究十分必要。

本书基于家蚕最新基因组数据库资源,通过生物信息分析方法对家蚕脂肪脱氢酶基因进行克隆、序列分析,并对家蚕 *BmFAD3-like* 和 *BmD6DES* 基因进行了原核表达、酿酒酵母表达等研究,为探究 *BmFAD3-like* 和 *BmD6DES* 基因的功能,对低温诱导、真菌侵染和 siRNA 干扰处理后的蚕蛹体内两个基因的 mRNA 相对转录水平变化进行了初步研究。获得如下研究结果:利用脂肪酸脱氢酶蛋白部分保守的组氨酸结构域序列对家蚕基因组序列进行同源性检索,设计合成特异性引物,从蚕蛹中分别克隆到 1 083 bp 和 1 335 bp 的 cDNA 片段,分别命名为 *BmFAD3-like* 和 *BmD6DES*。利用 cDNA 末端快速扩增技术(rapid amplification of cDNAs end)对两个脂肪酸脱氢酶基因进行了 cDNA 全长扩增,*BmFAD3-like* 全长为 1 727 bp,开放阅读框(open reading frame,ORF)全长 1 083 bp,编码 360 个氨基酸,预测分子量为 41.5 kDa,等电点为 7.1;*BmD6DES* 全长为 2 298 bp,开放阅读框全长 1 335 bp,编码 444 个氨基酸,预测分子量为 51.7 kDa,等电点为8.05。两个基因的编码蛋白均不含信号肽序列。经序列比对发现,家蚕 *BmFAD3-like* 和 *BmD6DES* 基因与其他昆虫中已报道的其他脂肪酸脱氢酶基因之间的相似性较小。因此,基于家蚕脂肪酸脱氢酶基因编码蛋白及其他昆虫脂肪酸脱氢酶蛋白保守序列的多序列比对结果,构建了脂肪酸脱氢酶基因系统进化树。

利用 semi RT-PCR 方法开展了对家蚕 *BmFAD3-like* 和 *BmD6DES* 基因在个体发育过程中在不同组织部位、不同发育时期表达量差异研究。*BmFAD3-like* 和 *BmD6DES* 两个基因在个体发育期均有表达,只是表达量有差异。其中,*BmFAD3-like* 基因从蚁蚕期到 3 龄眠期都有显著表达,从 4 龄期蚕到成蛾产卵期持续显著高表达,但是在卵期的表达极弱,几乎检测不到。*BmD6DES* 基因在家蚕不同发育时期的表达模式和 *BmFAD3-like* 基因非常相似,不同的是,其在蛹期特别是在蛹变态发育期的表达量明显高于其他时期,并且在蛾后期表达量有明显下降。通过分析家蚕幼虫 5 龄 3 d 各组织中 *BmFAD3-like* 和 *BmD6DES* 基因的表达模式可知,家蚕 *BmFAD3-like* 基因在幼虫 5 龄 3 d 的各个组织器官中均有表达,特别是在卵巢、脂肪体、血淋巴、表皮中表达量相对较高,在中肠、丝腺、精囊中表达量极少。同样,家蚕 *BmD6DES* 基因在幼虫 5 龄 3 d 各组织中也均有表达,特别是在脂肪体、表皮、精囊和卵巢表达相对较高,在中肠、丝腺、头部和血淋巴中表达量极少。总之,家蚕脂肪酸脱氢酶基因主要在家蚕成虫、蛹、蛾、变态发育的后期表达,且主要在脂肪体、表皮和生殖器官中表达,推测这可能与家蚕脂质体的存储、生殖发育、求偶交配、信息素合成有关。

将 *BmFAD3-like* 和 *BmD6DES* 基因构建重组载体后转入大肠杆菌 *BL21*(DE3)中,体外表达两个基因的编码蛋白并用含 His-tag 的层析柱纯化所表达蛋白,原核表达的结果显示,*BmFAD3-like* 和 *BmD6DES* 基因所编码的蛋白使用浓度为 1 mmol/L 的 IPTG 诱导 4 h 后,融合蛋白能够被大肠杆菌高效表达;所表达的两种融合蛋白为非可溶性蛋白,在大肠杆菌内以包涵体形式存在;蛋白质免疫印迹实验结果验证了重组质粒在大肠杆菌 *BL21*(DE3)中获得成功表达,电泳结果显示体外表达的 *BmFAD3-like* 和 *BmD6DES* 基因的编码蛋白的蛋白质分子量分别为 44.3 kDa 和 54.8 kDa,其大小与预测的 *BmFAD3-like* 和 *BmD6DES* 基因编码蛋白质一致。

将 *BmFAD3-like* 和 *BmD6DES* 基因双酶切后构建到酿酒酵母表达载体 pYES2.0 中,将工程菌株进行发酵,发酵液中添加 2% 的半乳糖诱导目的基因表达,亚油酸(LA)作为外源底物。气相色谱分析工程菌发酵产物的脂肪酸成分,以只含 pYES2.0 空质粒的工程菌为对照。结果表明这两个基因都能在酿酒酵母中表达,与对照相比 pYBmFAD3-like 发酵产物中产生了一种新的脂肪酸色谱峰,经鉴定为 α-亚麻酸(ALA),即 $18:3\Delta^{9,12,15}$,含量占发酵产物总脂肪酸的 2.8%,同样 pYB-mD6DES 发酵产物中也产生了一种新的脂肪酸色谱峰,经鉴定为 γ-亚麻酸(GLA),即 $18:3\Delta^{6,9,12}$,含量占总脂肪酸的 2.1%。

为进一步探究 *BmFAD3-like* 和 *BmD6DES* 基因的功能,对基因在家蚕蛹体受低温诱导、真菌侵染和 siRNA 侵染的 mRNA 处理后的相对转录水平进行了 qRT-PCR 检测。家蚕 *BmFAD3-like* 和 *BmD6DES* 基因受低温诱导后 mRNA 表达量在 0℃下 24 h 后分别有 21% 和 18% 的上调,但此后 mRNA 的相对转录水平和对照相比并无较大变化,推测低温能诱导 mRNA 的上调表达,但是不能大幅度提升蛋白质(酶)的活性。*BmFAD3-like* 和 *BmD6DES* 基因在真菌侵染的诱导下 mRNA 相对转录水平在 6 h 后分别有 250.2% 和 242.3% 的上调,12 h 后 mRNA

的相对转录水平超过对照 220.8% 和 210.4%。此后,随着侵染程度的增加,蛹体被真菌代谢消耗,60 h 后蛹体内 *BmFAD3-like* 基因表达量不到对照的 20%。蚕蛹蛹体 *BmFAD3-like* 和 *BmD6DES* 基因在 siRNA 侵染的 mRNA 干涉后 mRNA 表达量在 25℃下 12 h 后分别有 7.46% 和 8.82% 的下调。此后随着时间的增加,mRNA 的相对转录水平一直下降,到 36 h 后下降分别达到最大值的 55% 和 60.16%,蚕蛹 *BmFAD3-like* 和 *BmD6DES* 基因的 mRNA 相对转录水平能有效地被 siRNA 侵染的 RNA 干涉,并下调表达,但这种效应并不能持久发挥作用。

　　由于作者能力及时间有限,书中难免有不妥之处,请读者批评指正。

著　者

2024 年 6 月

英文缩写说明

英文缩写	英文全称	中文全称
FAME	fatty acid methyl ester	脂肪酸甲酯
FAD	fatty acid desaturase	脂肪酸脱氢酶
ACP	acyl carrier protein	酰基载体蛋白
Amp	Ampicillin	氨苄西林
DEPC	diethyl pyrocarbonate	焦碳酸二乙酯
EDTA	ethylene diamine tetraacetic acid	乙二胺四乙酸
ER	endoplasmic reticulum	内质网
IPTG	isopropyl-β-D-thiogalactoside	异丙基-β-D-硫代半乳糖苷
kDa	kilodalton	千道尔顿
ORF	open reading frame	开放阅读框
PCR	polymerase chain reaction	聚合酶链式反应
RACE	rapid amplification of cDNA ends	cDNA 末端快速扩增
SDS	sodium dodecyl sulfonate	十二烷基磺酸钠
Tris	trihydroxymethyl aminomethane	三羟甲基氨基甲烷
X-gal	5-bromo-4-chloro-3-indolyl-β-D-galactopyranoside	5-溴-4-氯-3-吲-β-半乳糖苷
SFA	saturated fatty acid	饱和脂肪酸
MUFA	monounsaturated fatty acid	单不饱和脂肪酸
PUFA	polyunsaturated fatty acid	多不饱和脂肪酸
GLA	γ-linolenic acid	γ-亚麻酸
ALA	α-linolenic acid	α-亚麻酸
LA	linoleic acid	亚油酸
OD	optical density	光密度
FAS	fatty acid synthetase	脂肪酸合成酶
SAD	stearyl-ACP desaturase	硬脂酰-ACP 脱饱和酶
dNTP	deoxynucleoside triphosphate	脱氧核苷三磷酸
LB	Luria-Bertani medium	LB 培养基
ddH$_2$O	double distilled H$_2$O	双蒸水

目　　录

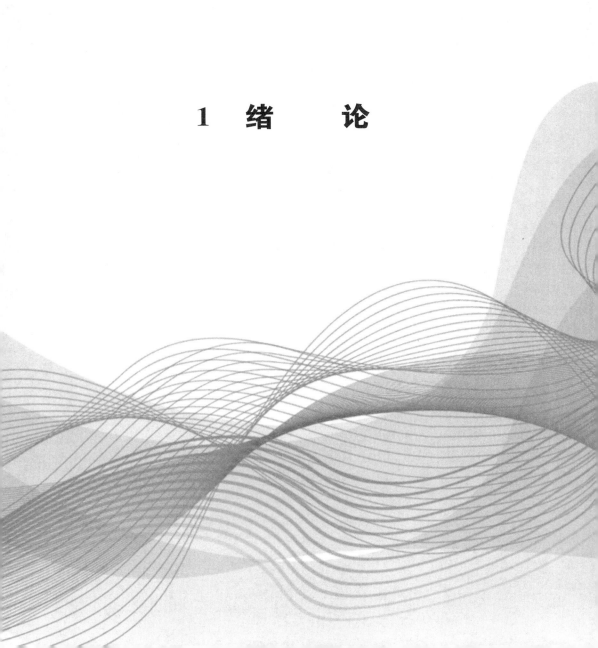

1 绪　　论

1.1 多不饱和脂肪酸合成途径的研究进展

1.1.1 多不饱和脂肪酸概述

多不饱和脂肪酸(polyunsaturated fatty acid,PUFA)是含有 16～22 个碳原子,两个或两个以上双键的顺式长链脂肪酸[1,2]。PUFA 通常用 $X:Y\Delta n\text{-}Z$ 的方式表示结构组成,X 表示脂肪酸碳链中碳原子数,Y 表示双键的数目,Δ 后的数字表示从脂肪酸链羧基端计数时引入双键的位置,脂肪酸的合成途径或 PUFA 所属的类别用 n-Z 来表示。比如,$18:3\ \Delta^{9,12,15}$ n-3 表示其碳原子数是 18,双键的数量是 3 个,双键分别位于从脂肪酸链羧基端计数时的第 9、12、15 位,属于 n-3 类多不饱和脂肪酸[3-6]。

PUFA 既是生物膜磷脂的主要成分之一,也是信号分子二十烷酸(eicosanoid)的前体物,包括前列腺素类、凝血酶原激酶和白三烯类(leukotrienes)等活性物质,在大脑发育、感知、炎症反应和凝血等过程中起关键作用,是促进新陈代谢和提高免疫力的重要物质[7]。其中,亚油酸(LA)、γ-亚麻酸(GLA)和花生四烯酸（AA）等是人体必需脂肪酸(essential fatty acid,EFA)。PUFA 的研究在医疗和制药领域都有重要意义:摄入 PUFA 可降低血中的胆固醇水平;二十碳五烯酸(EPA)和二十二碳六烯酸（DHA)具有降低甘油酯的作用;GLA 能有效治疗遗传性过敏性湿疹、神经性糖尿病、各种传染病等,还有一定的抗癌作用[8]等。

自然界中的 PUFA 基本可以划分为两大类:n-6 和 n-3。从甲基端计数第一个双键位于第 6 位的多不饱和脂肪酸被称为 n-6 类 PUFA,从甲基端计数第一个双键位于第 3 位的多不饱和脂肪酸被称为 n-3 类 PUFA。亚油酸(linoleic acid,LA,$18:2\ \Delta^{9,12}$ n-6)和 α-亚麻酸（α-linolenic acid,ALA,$18:3\Delta^{9,12,15}$ n-3)可以作为起始底物分别合成 n-6 类和 n-3 类的长链不饱和脂肪酸。自然界中主要存在的多不饱和脂肪酸如表 1-1 所示。

表 1-1   自然界中存在的多不饱和脂肪酸

分类	常用名称	中文名称	英文缩写
$18:2\ \Delta^{9,12}$ n-6	linoleic acid	亚油酸	LA
$18:3\ \Delta^{6,9,12}$ n-6	γ-linolenic acid	γ-亚麻酸	GLA
$18:3\ \Delta^{9,12,15}$ n-3	α-linolenic acid	α-亚麻酸	ALA
$18:4\ \Delta^{6,9,12,15}$ n-3	octadecatertraenoic acid	十八碳四烯酸	OTA
$20:3\ \Delta^{8,11,14}$ n-6	dihomo-γ-linoleic acid	二高-γ-亚麻酸	DHGLA
$20:4\ \Delta^{5,8,11,14}$ n-6	arachidonic acid	花生四烯酸	ARA
$20:5\ \Delta^{5,8,11,14,17}$ n-3	eicosapentaenoic acid	二十碳五烯酸	EPA
$22:6\ \Delta^{4,7,10,13,16,19}$ n-3	docosahexaenoic acid	二十二碳六烯酸	DHA

1.1.2 多不饱和脂肪酸的生物学活性

细胞中如细胞膜、储存脂、甘油三酯、磷脂、鞘脂和脂蛋白的 PUFA 是以多种形式存在的。PUFA 是组成生物膜结构的磷脂的重要成分之一,生物膜的功能结构受生物膜组成成分中 PUFA 的影响非常大,当细胞膜中的 PUFA 成分发生重大变化时,与细胞膜功能结构相关的各种生理功能也会受此影响[9-11]。比如,当细胞膜上磷脂分子中缺少相当数量的不饱和脂肪酸时,细胞膜的完整程度与流动性能发生改变,细胞功能减退[12]。PUFA 还能调节膜结合蛋白如 ATP 酶、转运蛋白、组织相容性复合物的功能,也可以控制与脂肪酸结合蛋白反应的速度[3,13,14]。

多种慢性疾病包括心血管疾病[15]、糖尿病[16]、关节炎[17]、牛皮癣[18]、溃疡性结肠炎[19]等均与 PUFA 的盈亏相关,PUFA 在生物体中可以通过调节细胞的增殖、改变信号传导途径的受体,影响癌细胞的增殖和扩散情况[20-22]。近几年的研究成果显示,PUFA 在骨骼的生长与修复过程中发挥着重要的功能[23]。研究者还发现,PUFA 作为一种重要的生理活性物质,在胎儿的发育过程中也发挥着极其重要的作用[24-28]。需要指出的是,在哺乳动物体内 n-6 类 PUFA 与 n-3 类 PUFA 代谢途径不同,生理功能也截然相反。譬如:花生四烯酸(ARA)是 n-6 类 PUFA,它可以促使人体血管收缩;而二十碳五烯酸(EPA)是 n-3 类 PUFA,它的生理功能之一是引发血管扩张[29]。因此,在健康饮食习惯中,倡导维持 n-6 类 PUFA 与 n-3 类 PUFA 的合理配比。

1.1.3 生物体内多不饱和脂肪酸的合成

由于 PUFA 是生物膜的基本成分之一,几乎在所有的动物、植物、真菌、原生生物、深海细菌等生物体内都有着广泛的分布。截至目前,仅大肠杆菌中还没有发现 PUFA。经过自然环境的选择与进化,不同的物种在相同或相似的合成途径之上又衍生出了各种不同 PUFA 合成机制。PUFA 的合成主要是由碳链的延长和脱氢两个反应组成,自然界中普遍存在的长链饱和脂肪酸中的软脂酸(palmitic acid,16:0)和硬脂酸(stearic acid,18:0)是 PUFA 延长和脱氢反应的最初底物,如图 1-1 所示。

软脂酸在不同的脱氢酶作用下脱氢生成棕榈油酸(palmitoleic acid,16:$1\Delta^9$ n-7)或顺式-7-十六碳烯酸(cis-7-hexadecenoic acid 16:$1\Delta^7$ n-9),然后再次脱氢生成不同种类的多不饱和脂肪酸。软脂酸也有可能在延长酶的作用下生成硬脂酸,继而参与到以硬脂酸为起始底物的多不饱和脂肪酸合成代谢中。

油酸(oleic acid,OA,18:$1\Delta^9$ n-9)是硬脂酸脱氢最先生成的单烯不饱和脂肪酸,油酸在脱氢酶的作用下转化成亚油酸(linoleic acid,LA,18:$2\Delta^{9,12}$ n-6)。在不同的脱氢酶和延长酶的作用下亚油酸转化成 n-6 和 n-3 两类,亚油酸是 n-6 和 n-3 两类多不饱和脂肪酸的共同前体。

1.1.3.1 高等动物中 PUFA 的生物合成

亚油酸和多不饱和脂肪酸合成所需的 Δ^{12}-和 ω^3-脂肪酸脱氢酶在高等动物体内通常是缺乏的,但高等动物自身不能合成亚油酸和 PUFA(n-3),只能从食物中获得这两种必需的脂肪酸(essential fatty acid,EFA)。亚油酸和 α-亚麻酸在内质网经过一系列的延长和脱氢作用转化成不同的长链多不饱和脂肪酸[24,30-33]。人们目前已经基本探明了动物体内二十碳 PUFA 的合成途径,但对于从二十二碳五烯酸(docosapentaenoic acid,DPA,22:$5\Delta^{5,8,11,14,17}$ n-3)到二十二碳六烯酸(docosa-hexaenoic acid,DHA,22:$6\Delta^{4,7,10,13,16,19}$ n-3)的生物合成途径还不能完全确定。Δ^4-脂肪酸脱氢酶已经由科学家从海洋原生生物 *Thraustochytrium* sp. 体内分离并鉴定[34],据此推断:在延长酶的作用下,十八碳 PUFA 首先延伸两个碳原子,接着在 Δ^4-脂肪酸脱氢酶的作用下将二十碳 PUFA 转化为二十二碳 PUFA。但是哺乳动物细胞内的放射性标记研究显示,DHA 的合成相对比较复杂。首先,DHA 在

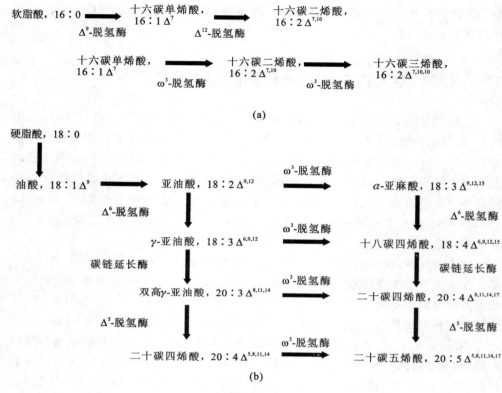

图 1-1　多不饱和脂肪酸合成途径

碳链延长酶催化下,脂肪酸碳链延长 2 个碳原子生成 C24：5n-3;其次,在微体 Δ⁶-脂肪酸脱氢酶的作用下增加一个—C≡C—双键后生成 C24：6n-3;最后,产物 C24：6n-3 经 β-氧化合成 DHA,这个反应是在细胞的过氧化物酶体中完成的[3,35-37]。因此,现在人们普遍认为哺乳动物体内 DHA 合成不依赖 Δ⁴-脂肪酸脱氢酶作用。

1.1.3.2　植物中 PUFA 的生物合成

叶绿体和其质体是植物 C18：0 和 C16：0 长链脂肪酸合成的主要场所[38],植物体存在两种途径进行脂肪酸的脱氢,分别在叶绿体和内质网两种细胞器内相互配合完成。原核途径(Prokaryotic pathway),是指叶绿体中的 C18：0-ACP 先脱氢后生成 C18：1-ACP,接下来硬脂酸被转移到磷酸甘油的 sn-1 位上,同时软脂酸从 C16：0-ACP 被转移至 sn-2 位形成磷脂酰甘油,在磷酸水解酶的作用下接收半乳糖残基形成单半乳糖二酰基甘油酯（MGDG）或者双半乳糖二酰基甘油酯（DG-DG），进一步脱氢形成 α-亚麻酸（α-Linolenic acid，ALA，$18:3\Delta^{9,12,15}$ n-3）和 C16：$3\Delta^{7,10,13}$，叶绿体中不饱和脂肪酸的脱氢大都以这种方式进行。真核途径（Eukaryotic pathway），是指硬脂酸在叶绿体中合成后转运到内质网中酯化形成卵磷脂，在脂肪酸脱氢酶的作用下转化成亚油酸[39]，含有两个亚油酸（LA）的二酰基甘油的进一步脱氢多数是在叶绿体中形成双半乳糖二酰基甘油酯（DGDG）后进行的。植物的光合组织大都有两条途径合成 PUFA，而含油种子因为没有叶绿体或叶绿体不发达只能用真核途径合成 PUFA。

1.1.3.3 真菌中 PUFA 的生物合成

真菌是自然界 PUFA 的主要生产者，许多真菌都能以 C16：0 和 C18：0 为最初底物，经过脱氢和延长两个过程合成大量二十碳或二十碳以上的 PUFA[40]。酿酒酵母（Saccharomyces cerevisiae）体内仅合成单不饱和脂肪酸 16：1n-7 和 18：1n-9。正因如此，酿酒酵母通常被作为 PUFA 代谢途径中酶类功能验证的宿主菌株。大多数常见 PUFA 合成途径与动物中 PUFA 的合成途径一致。但与前文所提到的 PUFA 合成途径不同的是，在一些海洋原核微生物和真核微生物中存在一种全新的 PUFA 合成途径。海洋真菌裂殖壶菌（Schizochytrium sp.）是一种高产二十二碳六烯酸（DHA）的微生物，在其菌体内发现多肽合成酶（polypeptide synthase）催化合成途径[41]。

1.1.3.4 昆虫中 PUFA 的生物合成

昆虫也是自然界中 PUFA 的主要生产者或者称为富集者，多数昆虫体内不能合成超过十八碳的 PUFA，必须像脊椎动物一样靠摄食获取 PUFA 来满足自身生理功能需求，但也有相当数量的昆虫可以利用自身的 PUFA 酶系合成不饱和脂肪酸，譬如赤拟谷盗和美洲蟋蟀体内就克隆出了 Δ^{12}-脂肪酸脱酶基因，并且在其体内检测到了 Δ^{12}-脂肪酸脱酶蛋白的活性；家蚕蚕蛹油的脂肪酸成分分析显示，蚕蛹油中不饱和脂肪酸含量占其总脂肪酸含量的 70% 以上，其中十八碳以上脂肪酸含量占其 PUFA 总量的 80% 以上，其中有油酸（OA）、亚油酸（LA）、α-亚麻酸（ALA）、γ-亚麻酸（GLA）、二十二碳六烯酸（DHA）和二十碳四烯酸（EPA）等[42]，和家蚕脂肪酸组成类似的还有柞蚕和蓖麻蚕等。家蚕作为单一植食性昆虫，其食物桑叶中的脂肪酸组成主要是棕榈酸（16：0）、硬脂酸（18：0）和少量亚麻酸（18：3），这表示家蚕体内存在和饱和脂肪酸延长或脱氢相关的酶系，在这些酶的作用下合成 PUFA。

1.2 α-亚麻酸和 γ-亚麻酸的研究进展

1.2.1 α-亚麻酸的研究进展

α-亚麻酸化学名为全顺式 9,12,15-十八碳三烯酸（all cis-9,12,15-octade-canotrienoic acid），是一种 ω^3-系列具有 3 个双键结构的多不饱和脂肪酸，化学结构如图 1-2 所示。

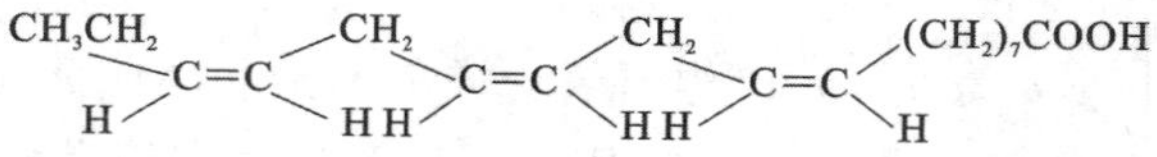

$$CH_3CH_2\overset{\displaystyle\,}{\underset{\displaystyle H}{C}}=\overset{\displaystyle\,}{\underset{\displaystyle H}{C}}\,CH_2\,\overset{\displaystyle\,}{\underset{\displaystyle H}{C}}=\overset{\displaystyle\,}{\underset{\displaystyle H}{C}}\,CH_2\,\overset{\displaystyle\,}{\underset{\displaystyle H}{C}}=\overset{\displaystyle\,}{\underset{\displaystyle H}{C}}(CH_2)_7COOH$$

图 1-2 α-亚麻酸的化学结构图

α-亚麻酸纯品为油状液体，无色或浅黄色，易溶于有机溶剂特别是乙醇，在硒的催化下，可生成一种 α-亚麻酸反式异构体（linolenelaidic acid）。α-亚麻酸含有三个共轭双键，具有很强的还原性。α-亚麻酸在生物体经脱氢酶和碳链延长酶的作用，合成一系列多不饱和脂肪酸产物，对动物及人体健康有重要影响的二十碳五烯酸和二十二碳六烯酸，也是由 α-亚麻酸作为起始底物经体内代谢合成的。作为必需脂肪酸，人和高等动物体内缺乏 Δ^{12}-脂肪酸脱氢酶和 ω^3-脂肪酸脱氢酶，不能在体内实现亚油酸和 α-亚麻酸的合成，需从日常饮食甚至保健品中不断补充以满足机体需要。α-亚麻酸在人和高等动物体内靠肠道直接吸收后贮存于肝脏，经血液携带转运到机体不同组织部位，经代谢或直接成为细胞膜的结构成分[43]。

在植物光合感受器——叶绿体的膜脂中也存在大量 α-亚麻酸。如在荆芥籽、葵花籽、亚麻仁以及核桃仁等含有大量的 α-亚麻酸，生物界中 α-亚麻酸在紫苏油中的含量最为丰富（约 65%），亚麻籽油、豆油、玉米胚芽油中 α-亚麻酸的含量为 10%～30%。此外，昆虫蛹体中的不饱和脂肪酸最主要的成分也是 α-亚麻酸，在家蚕和柞蚕蛹油中其含量高达 35%。另外，日常饮食中的肉、蛋、奶也可以为人体提供 α-亚麻酸，但最多不超过 5%[43]。

人体内缺乏 α-亚麻酸会诱发高血脂、高血压、高血糖等疾病[44]。α-亚麻酸通过调节相关酶的活性来改善某些生理作用。生物膜中酶腺苷环化酶，核苷酸酶及 Na^+，K^+-ATP 酶的活性受脂肪酸组成改变的影响较大，当机体 α-亚麻酸摄入量减少时,细胞膜的结构会随之产生适应性的变化。α-亚麻酸在有效降低血清中总胆固醇、甘油三酯、低密度脂蛋白含量的同时,能够提升血清高密度脂蛋白的含量。α-亚麻酸降低胆固醇的机理是通过加强胆固醇代谢,进而使其排出体外,并抑制该酶在体内生成。胆固醇合成的限速酶主要是 HMG-CoA,α-亚麻酸可有效抑制该酶的活性[45]。α-亚麻酸还可以调节糖、脂肪和蛋白质的代谢,降低血液中可溶性蛋白质的水平,增强血液的流动性;α-亚麻酸可促进胰岛素 β-细胞分泌胰岛素以及维持胰岛素水平在血液中的稳定,降低靶细胞对胰岛素的抵抗,增强细胞膜上胰岛素受体的敏感度,减少胰岛素的拮抗性[46]。

α-亚麻酸能使血浆中的中性脂肪(胆固醇、甘油三酯)含量下降。α-亚麻酸在生物体内具有调节血脂、预防梗死、降低血液黏度[46-48]、抑制过敏反应、抗炎[49]、抑制衰老[50]、保护视力、增强智力、促进 β-胰岛素分泌、延长降糖效果等功能[43,51]。

1.2.2　γ-亚麻酸的研究进展

n-6 系列 PUFA 是在脂肪酸碳链的第 6 位碳原子数上存在双键的 PUFA,自然界中的亚油酸(linoleic acid,LA,$18:2\Delta^{9,12}$)、γ-亚麻酸(γ-linoleic acid,GLA,$18:3\Delta^{6,9,12}$)和花生四烯酸(arachidonic acid,ARA,$20:4\Delta^{5,8,11,14}$)都属于 n-6 系列 PUFA。n-3 系列和 n-6 系列的 PUFA 在生物体内一般不能相互转化,但是会竞争相同的延长酶和脱氢酶系。大多数的细菌、真菌、藻类和昆虫体内具有多不饱和脂肪酸脱氢酶和延长酶等酶系,能够催化饱和脂肪酸(如硬脂酸)发生延长和脱氢反应,合成多种生物体本身所需的 PUFA。但是,多数植物和动物中缺乏 PUFA 合成酶,不能合成碳原子数超过 18 的 PUFA,α-亚麻酸和 γ-亚麻酸靠自身的酶系也很难满足需求,因此,高等动物必须依靠外源性的 PUFA 来满足其生长发育的需求[7,52]。

月见草(Oenothera biennis L.)种子中富含 γ-亚麻酸。1919 年,Heiduschka 和 Luft 第一次从月见草油中分离纯化得到 γ-亚麻酸,研究证明其是 α-亚麻酸的同分异构体,命名为 γ-亚麻酸。有研究者利用氧化降解反应测定其分子结构为 6,9,12-十八碳三烯酸。1949 年,Riley 等用结构化学实验进一步证实了 γ-亚麻酸的分子结构为全顺式-6,9,12-十八碳三烯酸(图 1-3),分子式为 $C_{18}H_{30}O_2$[53]。

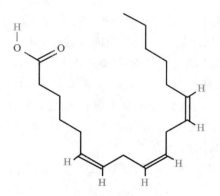

图 1-3　γ-亚麻酸的化学结构图

作为一种人体必需的 PUFA，γ-亚麻酸是组成人体各组织生物膜的结构材料之一，也是人体内合成一系列前列腺素物质的前体成分。据文献报道，已知的 γ-亚麻酸生物学功能主要有：①杀菌、抗炎[54-57]；②降血脂，抗动脉粥样硬化[58]；③抗肿瘤[59-61]；④改善糖尿病及糖尿病神经病变[62]；⑤抗 HIV 感染[63,64]；⑥减肥[65]。它在人体很多组织中存在，但存在时间很短，且含量很少。从食物中摄取的亚油酸经 Δ^6-脂肪酸脱氢酶（Δ^6-fatty acid desaturase，D6DES）转化为 γ-亚麻酸，接下来在延长酶的作用下生成二高-γ-亚麻酸（dihimo-γ-linolenic acid，DHGLA，20：3$\Delta^{8,11,14}$），DHGLA 可以在体内转变成前列腺素 E（PGE），也可以在 Δ^5-脂肪酸脱氢酶催化作用下生成花生四烯酸（ARA），ARA 可以在人体内前列腺素合成酶系的作用下生成其他前列腺素（PGs）、白三烯（LT）和凝血恶烷（TXB）[66,67]。一旦人体内存在过量的饱和脂肪酸或者代谢紊乱（如糖尿病）时，Δ^6-脂肪酸脱氢酶活性明显下降，就会影响亚油酸脱氢生成 γ-亚麻酸，直接后果是前列腺素缺乏，从而导致各种各样的疾病产生[7]。

1.3　脂肪酸脱氢酶基因的研究进展

1.3.1　脂肪酸脱氢酶的基本概况

脂肪酸脱氢酶是在 PUFA 的合成代谢中发挥重要作用的一类酶。一般来讲，长脂肪酸链上邻位碳原子之间的单键脱氢生成双键需要在脂肪酸脱氢酶的催化作用下完成[68,69]。酶促反应所形成的双键叫作不饱和双键,因此该反应经常被称为脱氢反应。从本质上来讲,脂肪酸脱氢酶催化反应是一种氧化反应,除了分子氧之外,它还需要两个电子[70]。不同的去饱和酶系具有不同的电子供体,由酰基-ACP脂肪酸脱氢酶、蓝细菌的酯酰-脂肪酸脱氢酶和植物质体中的酯酰-脂肪酸脱氢酶催化的脱氢反应中,电子供体是铁氧还原蛋白[71,72]。而位于植物细胞质中的酯酰-脂肪酸脱氢酶、真菌和动物的脂酰-CoA 脱氢酶使用细胞色素 b5 作为电子供体[70,73]。虽然到目前为止,在甘油三酯的碳链中形成的双键都是顺式结构,但并不是所有的脂肪酸脱氢酶在碳链上形成的双键都是顺式结构,比如在某些植物中就发现了反式的双键[74],但是这些单不饱和脂肪酸不能进一步被脱氢酶催化而再次脱氢,这些特异不饱和脂肪酸的功能还有待进一步的研究。

脂肪酸脱氢酶一类催化脂肪酸酰基链特定位置 —C—C— 脱氢形成

—C=C— 的酶,是 PUFA 合成途径关键酶[75]。脂肪酸脱氢酶的分布很广泛,除了少数微生物,如 *E. coli*[76]外,几乎所有生物体中都有脂肪酸脱氢酶。生物膜脂中都含有特定的不饱和脂肪酸,恒温动物或某些变温动物能通过对膜脂的脱饱和来适应外界环境温度的变化。细胞改变膜脂物理特性的能力主要通过脂肪酸脱氢酶对脂肪酸的脱饱和作用来实现,因此脂肪酸脱氢酶在生物膜的形成和物理性质、调节膜脂中脂肪酸的组成与不饱和度等方面起主要调节作用[77]。

在脂肪酸脱氢酶的分类方面,由于分类标准的不同而有不同的结果。根据细胞内定位和酶作用的底物的脂酰载体不同,脂肪酸脱氢酶可以分为三种:①脂酰ACP(acyl-ACP)脂肪酸脱氢酶,这类酶常存在于植物质体中,是可溶性非常好的一类脱氢酶,它能催化结合在脂酰载体蛋白(acyl carrier protein,ACP)上的脂肪酸脱氢,同时这类酶也是唯一一类可溶性的脱氢酶;②脂酰 CoA(acyl-CoA)脂肪酸脱氢酶,这类酶属于膜整合蛋白,脂肪酸与 CoA 结合后的脱氢由它催化,目前发现这类酶主要存在于动物和真菌细胞中[78];③脂酰脂(acyl-lipid)脱氢酶,这类酶催化甘油酯中的脂肪酸脱氢,它也是一种膜整合蛋白,存在于植物、真菌和蓝细菌中[79,80]。

植物、微生物质体中的脂肪酸脱氢酶大多是可溶性的,具有两个保守的离子结合基序(iron-bonding motif)[(D/E)X2H][81],它包括 Δ^9-硬脂酰 ACP 脱氢酶、Δ^4-软脂酰 ACP 脱氢酶、Δ^6-软脂酰 ACP 脱氢酶和 Δ^9-豆蔻酰 ACP 脱氢酶等,脂酰ACP 脱氢酶需要 NADPH、铁氧化还原蛋白:铁氧化还原蛋白氧化还原酶和分子氧共同完成催化作用。

膜整合的脂肪酸脱氢酶,基本上以 NADH:细胞色素 b5 氧化还原酶和细胞色素 b5 作为电子供体催化复合脂中的脂肪酸脱氢。氨基酸序列分析发现各种膜整合脂肪酸脱氢酶的 N 端和 C 端部分缺乏显著的同源性,中间序列却具有特征性的由 8 个保守的组氨酸残基构成的 3 个保守的组氨酸富集区(histidine-rich region) HX$_{(3-4)}$ HX$_{(7-41)}$ HX$_{(2-3)}$ HHX$_{(61-189)}$(H/Q)X$_{(2-3)}$ HH 和两个长的疏水区(hydrophobic domain)[81,82]。表 1-2 显示各种膜整合脂肪酸脱氢酶保守的组氨酸富集区的氨基酸序列[80]。

表 1-2　　各种膜整合脂肪酸脱氢酶保守的组氨酸富集区的氨基酸序列[83]

脱氢酶	组氨酸富集系列		
	I	II	III
Δ^9	HRXXXH	XWXXXHRXHH	HNXHHXF
Δ^{12a}	AHECGHXA	XWKXSHXXHHXXTG	HVXHHXFS
Δ^{12b}	GHDCXHXS	XWRXXHXXHHXXTN	HXPHHXXX
Δ^{15}/ω^{3a}	GHDCGHGSFS	XWRXSHRTHHXNXG	HVXHHXFXQ
Δ^{15}/ω^{3b}	GHDCGHGSFS	XWRXSHRTHHXNXG	HVXHHXFXQ
Δ^4	IQHDXNHGA	HVXXHH	QIEHHLFP
Δ^5	XHDXGHX	WXXXXXXHH	QXXHHLFP
Δ^6	XHDXGHX	WWXXHXXHH	QXEHHFLP

注:氨基酸用单字母表示,X 表示除组氨酸外的其他氨基酸,a 指微体,b 指质体。

1.3.2　脂肪酸脱氢酶基因研究的常用方法

对于脂肪酸脱氢酶基因功能的研究,国际上通用的方法是首先对目的基因进行克隆,然后转入不同的表达宿主进行异源表达功能鉴定,最后原位敲除该基因,进一步确定克隆的脂肪酸脱氢酶基因功能及其在代谢途径中的作用。

基因敲除技术在鉴定脂肪酸脱氢酶基因功能的研究中发挥了巨大的作用,分子生物学家构建的一系列脂肪酸脱氢酶基因缺失突变株,更是为研究 PUFA 的生物学功能奠定了坚实的基础。通过同源重组的方法可以实现在脂肪酸脱氢酶基因敲除部分核苷酸片段造成目的基因的缺失。同源重组的效率很大限度依赖于基因敲除组件提供的同源区域两侧的片段长度[84],不同物种发生同源重组所需的同源序列的长度也有所不同[85]。

1.3.3　ω³-脂肪酸脱氢酶基因的研究进展

三烯多不饱和脂肪酸在高等植物叶绿体膜和低等动物微粒体中的含量非常高[86],不同生物合成三烯多不饱和脂肪酸的途径不完全相同。目前,膜整合蛋白的分离纯化在技术上仍然有很大困难,研究的热点集中在模式生物脂肪酸脱氢酶基因的突变,通过分子生物学和遗传学的手段找到其突变体。经过大量的研究,科学家发现在模式生物拟南芥体内存在三种 ω³-脂肪酸脱氢酶基因:*fad3* 基因、*fad7* 基因、*fad8* 基因[43]。

植物、微生物和低等动物体内 α-亚麻酸由 ω³-脂肪酸脱氢酶催化亚油酸脱氢生成。生物内有两种 ω³-脂肪酸脱氢酶基因,一种存在于微粒体中,另一种存在于质体中。定位于内质网的脱氢酶所编码的氨基酸序列与定位于质体的有很大的相似性。对已分离鉴定得到 ω³-脂肪酸脱氢酶基因进行分析,ω³-脂肪酸基因氨基酸序列有比较强的保守性,不同生物中相同家族的 ω³-脂肪酸基因氨基酸序列有很高的相似性,但是 ω³-脂肪酸基因序列之间却无明显的同源性。

长久以来,ω³-脂肪酸脱氢酶基因始终是脂肪酸合成酶系研究的焦点。这是因为 ω³-脂肪酸脱氢酶基因既有组成型表达,也有应激型高效表达,研究发现 ω³-脂肪酸脱氢酶基因参与了生物体对生物胁迫和非生物胁迫的应激反应。研究表明,*fad8* 基因主要在低于 20 ℃温度下表达,而 *fad3* 基因、*fad7* 基因在常温和低温下均能表达[87]。大量研究结果显示,绝大多数生物体内的 ω³-脂肪酸基因的调控属于转录后调控。研究还发现,生物体发育过程中,ω³-脂肪酸脱氢酶基因的表达受到严格的时空调控[88]。生物胁迫和非生物胁迫如温度、光照和真菌侵染等多种因素都能影响生物体内 ω³-脂肪酸脱氢酶基因的表达水平,ω³-脂肪酸脱氢酶基因在生物体内的表达有明显的组织特异性[43,89]。

2003 年,O'Neill 等[90]在对拟南芥突变体进行研究后证实,ω³-脂肪酸脱氢酶基因在拟南芥体内的表达是半显性的,当它的表达足够多的时候,拟南芥体内亚油酸含量下降,α-亚麻酸含量提升。自从 1992 年 Arondel 等[91]利用分子生物学方法得到拟南芥的 *fad3* 基因以来,人们又先后分离鉴定了来自欧芹(*Petroselinum crispum*)、油菜(*Brassica campestris* L.)、玉米(*Zea mays* L.)、大豆(*Glycine max*)和秀丽线虫(*Caenorhabditis elegans*)等生物的ω^3-脂肪酸脱氢酶基因,相关成果用于脂肪酸合成代谢和基因功能研究,ω^3-脂肪酸脱氢酶基因的分离鉴定与功能表达已成为近年来生物脂肪酸功能调控研究的重要方向。1998年,Hamada等[92]构建重组质粒后成功把拟南芥微粒体*fad3*基因转入烟草中表达,转基因植株中不同组织的α-亚麻酸的含量均有明显的增加,和对照相比,根部组织中增加了40%α-亚麻酸,叶片组织中增加了10%α-亚麻酸。2003年,Anai等[93]利用大豆微粒体ω^3-脂肪酸脱氢酶基因构建重组表达质粒,并将其转入玉米,结果发现,收获的转基因玉米种子中α-亚麻酸含量比对照高10倍,转基因植株遗传性能稳定,能稳定遗传三到四代。2000年,Murakami等[94]利用分子生物学技术将烟草中ω^3-脂肪酸脱氢酶基因敲除,结果发现突变后的植株中α-亚麻酸含量比野生型植株减少很多,突变株对高温环境的适应性明显提升。1994年,Kodama等[95]在烟草中导入了拟南芥叶绿体ω^3-脂肪酸脱氢酶基因,分析检测后发现,转基因烟草植株中的α-亚麻酸含量得以大幅度提升,转基因烟草植株的抗冷性状有很好的提高。综合以上文献可知,ω^3-脂肪酸脱氢酶基因的超表达,不仅能够使植物α-亚麻酸的含量大幅度提高,同时转基因植株对温度胁迫的应激效应更加明显[43]。

真菌、动物和植物中的ω^3-脂肪酸脱氢酶基因编码的氨基酸序列存在很大的相似性,表明脂肪酸脱氢酶有共同机制在长链脂肪酸碳氢链上引入双键。几乎全部已报道的ω^3-脂肪酸脱氢酶氨基酸序列内都存在3个高度保守的组氨酸框[96],脱氢酶活性中心的形成与组氨酸保守区域的存在有某种必然的联系。脱氢酶活性中心和组氨酸保守框基序的空间排布的相似性在蓝细菌和高等植物中已得到证实[96,97]。对模式生物拟南芥的*fad3*、*fad7*、*fad8*基因进行多重序列比对,发现它们具有比较高的相似性,暗示它们可能具有相同的进化起源。脱氢酶的活性中心发挥作用严重依赖组氨酸保守基序。所有已鉴定的ω^3-脂肪酸脱氢酶基因在细胞内定位和一级结构氨基酸序列上有很高的相似性,说明它们进化起源于共同的原始基因。

生物体脂肪酸成分改良、低温诱导的应激表达和真菌侵染后的免疫应答等领域的发展离不开对各自体内ω^3-脂肪酸脱氢酶基因的表达调控研究,这些领域在今后将有很好的理论研究意义和广阔的应用前景。这是因为ω^3-脂肪酸脱氢酶是脂肪酸合成代谢途径中的一个关键酶。首先,通过解除其在代谢调节中反馈抑制通路和发生定点突变,可以明显提高基因的表达水平;其次,利用基因敲除技术沉默掉该基因的表达,可以影响脂肪酸中间代谢产物如16:2ω^3-脂肪酸或18:2ω^3-脂肪酸的含量;最后,可以利用转基因技术在宿主中表达外源基因,产生新脂肪酸,对ω^3-脂肪酸脱氢酶基因启动子的研究可以提高其在不同物种中表达时的效率,使在更多的宿主中得以表达和利用。

综合现有文献可知,科研工作者对 ω³-脂肪酸脱氢酶基因的基础研究已经卓有成效,但对其催化机理和调节机制调控表达的研究还不够全面和透彻,如生物体内信号通道如何感知、传输非生物胁迫信息,又如何在受到生物或非生物胁迫时启动和调控基因的表达等。科学家对很多已鉴定报道的 ω³-脂肪酸脱氢酶基因开展了转基因研究,这些基因的来源生物体内 α-亚麻酸含量较低,相关基因生物学功能鉴定和分析存在很大技术屏障。此外,生物体内 α-亚麻酸积累代谢及 ω³-脂肪酸脱氢酶基因表达调控之间的相互作用不够清晰,这都需要进一步的研究来揭示其作用机制[87]。

1.3.4　Δ⁶-脂肪酸脱氢酶基因的研究进展

Δ⁶-脂肪酸脱氢酶的酶促反应动力学、食物的诱导应激表达、时空环境变化和激素注射后所引起的变化是早期动物体内 Δ⁶-脂肪酸脱氢酶研究的核心所在。1951 年,Okayasu 等[98]采用固定化亲和柱层析的方法,首先在匀浆后的小鼠肝脏中提纯得到微体 Δ⁶-脂肪酸脱氢酶,电泳测得该酶的分子量为66 Da,疏水性氨基酸残基的含量是 49%。在体外反应中用 Cytb5 和 NADH-Cytb5 作为电子供体,用亚油酰 CoA 作为底物,该酶催化亚油酰 CoA 脱氢生成亚麻酰 CoA。相关研究揭示 Δ⁶-脂肪酸脱氢酶蛋白很早就得以分离纯化,但由于当时没有很好的蛋白纯化技术和晶体结构的表征技术,Δ⁶-脂肪酸脱氢酶在分子生物学方面尤其是晶体结果方面的解析研究进展相对比较缓慢[7]。

1993 年,Reddy 等[99]利用分子生物学技术从蓝细菌(*Synechocystis* sp. PCC6803)中首次分离鉴定得到 Δ⁶-脂肪酸脱氢酶基因,并成功在另一种 Δ⁶-脂肪酸脱氢酶缺陷型蓝细菌(*Anabaena* sp. PCC7120)中表达了他们克隆得到的基因,从此,Δ⁶-脂肪酸脱氢酶在遗传学水平上的研究得以开展。cDNA 文库筛选(screening of cDNA library)、cDNA 文库随机测序(random sequencing of cDNA library)和 cDNA 末端快速扩增技术(rapid amplification of cDNA ends,RACE)等方法已经广泛用于从动物、植物和真菌等生物中克隆得到 *D6DES* 基因,该基因在酿酒酵母(*Saccharomyces cerevisiae*)、烟草(*Nicotiana tabacum*)、油菜(*Brassica campestris* L.)、马铃薯(*Solanum tuberosum* L.)和曲霉(*Aspergillus*)中都成功获得功能性表达(表 1-2)[100,101]。1997 年,玻璃苣 *D6DES* 基因 cDNA 被 Sayanova 等[102]克隆并在烟草中表达,相对野生植株,重组质粒的表达使烟草植株叶片中 γ-亚麻酸含量提升到其总脂肪酸的 13.2%。1998 年,Napier 等[67]从秀丽线虫(*Caenorhabditis elegans*)中分离鉴定出 *D6DES* 基因,并将其构建重组质粒,转入酿酒酵母中得以表达。1999 年，Huang 等[103]利用分子生物学技术得到高山被孢霉（*Mortierella alpina*）的 Δ⁶-脂肪酸脱氢酶基因和 Δ¹²-脂肪酸脱氢酶基因，分别构建重组质粒后成功在酿酒酵母中表达了这两个基因，Δ⁶-脂肪酸脱氢催化产生的 γ-亚麻酸表达量占其总脂肪酸的 10％，Δ¹²-脂肪酸脱氢酶基因催化产生的亚油酸占其总脂肪酸的 25％，两个基因共表达的 γ-亚麻酸含量达总脂肪酸的 8％，这是关于丝状真菌中 *D6DES* 基因的克隆和表达的首次报道[104]。

高山被孢霉中的 Δ⁶-脂肪酸脱氢酶基因也被 Sakuradani 等[105]克隆得到，他们在米曲霉中表达了该基因，发酵产物总脂肪酸中 γ-亚麻酸（GLA）含量高达 25.2％。2001 年，Hastings 等[106]利用分子生物技术从斑马鱼（*Danio rerio*）中分离到一个双功能基因，克隆所得到的基因既有 Δ⁵-脂肪酸脱氢酶活性，又同时具有 Δ⁶-脂肪酸脱氢酶活性，随后该基因构建重组表达质粒后被转入酿酒酵母，诱导表达后并证实其双功能酶活性。同年，一段具有 Δ⁶-脂肪酸脱氢酶活性的编码 454 个氨基酸序列的 cDNA 由 Seiliez 等[107]从虹鳟（*Oncorhynchus mykiss*）中克隆得到，通过比对，证实其与已知物种的 *D6DES* 基因具有超过 65％的相似性，试验证实虹鳟中有 Δ⁶-脂肪酸脱氢酶基因存在。李明春等[108-111]根据文献报道的深黄被孢霉（*Mortierella isabellina*）*D6DES* 基因氨基酸序列，设计特异性引物克隆得到该基因的 cDNA 序列，测序得到其 cDNA 全长 1 374 bp，其所编码肽段中含有 457 个氨基酸，将这个 *D6DES* 基因重组到表达载体 pYES2.0 上后转入酿酒酵母后得以成功表达，经 GC 检测后发现发酵产物占总脂肪酸总量的 8.9％，随后深黄被孢霉 *D6DES* 基因重组到表达载体 pBI121 上，经农杆菌介导转化成功在大豆中表达该基因，大豆种子总脂肪酸中 GLA 含量高达 27.07％。2002 年，Hong 等[112]克隆得到畸雌腐霉（*Pythium irregulare*）的 *D6DES* 基因，将该基因构建重组质粒后，利用农杆菌介导的方法转入油菜中并成功表达，其 γ-亚麻酸产量占转基因油菜种子总脂肪酸量的 40％。同年，Xiao 等[113]克隆得到玻璃苣（*Borago officinalis* L.）*D6DES* 基因并将其在酿酒酵母、亚麻酸和油菜中表达。

2003 年，李明春等[114]从产油脂微生物高山被孢霉 ATCC16266 总 RNA 中分离鉴定出两条长度为 1 374 bp 和 1 947 bp 的特异性脂肪酸脱氢酶片段，随后利用分子生物学技术证实高山被孢霉基因组中有两个 Δ⁶-脂肪酸脱氢酶基因。2004 年，郝彦玲等[115]利用分子生物学技术从卷枝毛霉（*Mucor circinelloides*）中分离得到 Δ⁶-脂肪酸脱氢酶基因，和载体 pYES2.0 构建重组质粒后，转化酿酒酵母表达菌株，通过 GC 检测发现 γ-亚麻酸占发酵产物总脂肪酸量的 50.07％，这个结果是 *D6DES* 基因在酿酒酵母菌株中表达量最高的报道。2005 年，张秀春等[116]利用 NCBI 中已发表序列分离鉴定得到海南玻璃苣的 *D6DES* 基因，将该基因构建到双 T-DNA 载体上，提取质粒及双酶切后，重新构建到表达载体 pLIN61 上，然后利用农杆菌 EHA101 介导的方法,利用子叶节转化技术转化大豆,利用除草剂 *Glufosinate* 进行抗性筛选,获得转基因大豆。分子生物学检测结果表明,玻璃苣 *D6DES* 基因在大豆中表达成功。

2004 年,张琦等[117]将分离鉴定得到的少根根霉(*Rhizopus arrhizus*)*D6DES* 基因重组到毕赤酵母表达载体 pPIC3.5K 上,转入毕赤酵母菌株 GS115 中并诱导表达目的基因,用气相色谱(GC)检测分析后发现巴斯德毕赤酵母(*Pichia pastoris*)更适合分析真菌 *D6DES* 基因的功能,为分析其他生物 *D6DES* 基因的功能提供一个新的可行性方案。随后,张琦等利用农杆菌介导技术将少根根霉 *D6DES* 基因导入甘蓝型油菜中表达,获得转 *D6DES* 基因油菜,利用分子生物学实验鉴定后发现,少根根霉 *D6DES* 基因已经整合到油菜基因组中,RNA 印迹杂交法分析后证实少根根霉 *D6DES* 基因可以在 RNA 水平上检测到表达,GC 结果也显示 γ-亚麻酸和十八碳四烯酸生成,所有分析结果都证实了少根根霉 *D6DES* 基因在甘蓝型油菜中获得了功能性表达[117]。

2006 年,Zhou 等[118]利用分子生物学方法得到车前叶蓝蓟(*Echium plantagineum*)的 *D6DES* 基因,将其分别构建到相应表达载体后,利用转基因技术分别在酿酒酵母、烟草及拟南芥表达了这个基因,结果证实所有的表达产物都具有 Δ^6-脂肪酸脱氢酶活性,但车前叶蓝蓟的 *D6DES* 基因编码的酶蛋白更偏向于利用 n-6 途径产生 γ-亚麻酸。

2008 年,Hao 等[119]利用农杆菌介导的烟草子叶节将卷枝毛霉 M29 *D6DES* 基因导入烟草,获得的转基因烟草植株中 γ-亚麻酸含量占转基因烟草植株总脂肪酸量的 23.1%。

1.3.5 Δ^6-脂肪酸脱氢酶的结构与功能

Δ^6-脂肪酸脱氢酶在分类上属于"front-end"脱氢酶,在体内体外催化甘油酯中的脂肪酸脱氢时,反应的进行都需要由 NADH、细胞色素(cytochrome,Cyt)b5 氧化还原酶和 Cytb5 作为电子供体。Δ^6-脂肪酸脱氢酶的氨基酸序列大都具有特征性保守基序——3 个保守组氨酸富集区,分别为:HX(3-4)H(His Ⅰ)、HX(2-3)HH(His Ⅱ)和 QX(2~3)HH(His Ⅲ),2 个长的疏水区(hydrophobic domain)形成 4 次跨膜结构,N 端还有 1 个类似细胞色素 b5 的血红素结合区(heme-binding motif)HPGG(图 1-4)[7,67]。

和细胞质在同一侧的 3 个组氨酸基序和 1 个 Fe^{2+} 结合后形成 Δ^6-脂肪酸脱氢酶的活性中心,3 个组氨酸基序是维持酶活性所必需的氨基酸序列片段[120]。2000 年,Libisch 等[54]先利用分子生物技术分别把玻璃苣 *D6DES* 基因和 Δ^8-鞘脂脱氢酶进行基因切断连接重排,然后进行转基因表达分析,重组后的脱氢酶基因含有组氨酸基序Ⅰ区和组氨酸基序Ⅱ区的 *D6DES* 基因的氨基端和只含有组氨酸基序Ⅲ区的 Δ^8-鞘脂脱氢酶羧基端,结果发现重组酶编码蛋白丧失了催化 C18 脂肪酸脱氢的功能,而只能催化棕榈酸(hexadecanoic acid,C16∶1)和肉豆蔻酸(myristoleic acid,C14∶1)脱氢,由此,Libisch 等认为组氨酸基序Ⅰ与组氨酸基序Ⅱ区在酶-底物形成的过程中发挥了重要作用。

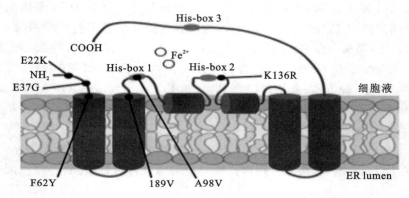

图 1-4　Δ^6-脂肪酸脱氢酶的拓扑结构模型(Los D A 等,1998 年)

Δ^6-脂肪酸脱氢酶不仅可以催化亚油酸、α-亚麻酸脱氢生成 γ-亚麻酸、十八碳四烯酸(octadecatetraenoic acid,OTA,18∶$4\Delta^{6,9,12,15}$),还可以催化棕榈油酸(hexadecanoie acid,C16∶1)和二十碳五烯酸(20∶5,$\Delta^{5,8,11,14,17}$ n-3)在相应位置上脱氢。这些脱氢作用一般发生在脂肪酸碳链的第 6 个和第 7 个碳原子之间,引入双键后生成更高一级的 PUFA。这些试验结果证实了 Δ^6-脂肪酸脱氢酶的催化活性在催化时的底物选择上有很强的位置特异性[121]。

据文献报道,Δ^6-脂肪酸脱氢酶不仅具有催化长链脂肪酸的脱氢作用,还具有很多自身的酶学特性。Sperling 等[122] 在 2000 年报道了一种角齿藓(*Ceratodon purpureus*)的 Δ^6-脂肪酸脱氢酶具有的新功能:这个酶具有催化脂肪酸脱氢生成双键和三键的活性,并且能够特异性地识别含有 Δ^9 双键的长链不饱和脂肪酸,经过酶的催化作用在羧基端的 Δ^6 位引入双键和三键,在酿酒酵母中表达该基因时,其所编码的酶蛋白能让亚油酸在同一个—C—C—键上发生两次脱氢作用。Hastings 等[106] 在 2001 年首次从脊椎动物斑马鱼的 cDNA 中克隆到了一个和 *D6DES* 基因核苷酸序列相似的 DNA 片段,该酶氨基酸序列 N 端 Cytb5 结合域,且氨基酸序列中还有 3 个组氨酸保守基序,将它构建重组质粒转入酿酒酵母表达,结果发现,这个基因表达的蛋白有 Δ^5、Δ^6 两种酶催化功能,进一步的研究发现这个酶对底物的选择上存在偏向性,对 n-3 类多不饱和脂肪酸的催化脱氢作用更强一些。

1.3.6　Δ^6-脂肪酸脱氢酶的系统进化研究进展

2003 年,Alonso 等[75]详尽收集了当时已发表的脂肪酸脱氢酶的氨基酸序列,随后利用分子生物学软件和技术将这些膜整合的脂肪酸脱氢酶的结构和功能进行了详细的系统进化分析研究,他们根据多重氨基酸序列比对结果,认为膜整合脂肪酸脱氢酶可以划分为 3 个进化分支:Δ^9-脂肪酸脱氢酶、Δ^{12}-/ω^3-脂肪酸脱氢酶和"front-end"脱氢酶(图 1-5)。其中,Δ^9-脂肪酸脱氢酶被认为是所有鉴定过功能的脂肪酸脱氢酶的起源基因。这是因为 Δ^9-脂肪酸脱氢酶不仅在不同生物中广泛地存在,还是催化饱和脂肪碳链上的 —C—C— 单键第一次脱氢的脂肪酸脱氢酶。ω^3-脂肪酸脱氢酶和 Δ^{12}-脂肪酸脱氢酶是关系更为紧密的同源基因;基因氨基酸序列微小的残基取代变化使得 Δ^6-脂肪酸脱氢酶进化出两种不同功能的 Δ^5-脂肪酸脱氢酶和 Δ^8-脂肪酸脱氢酶。

"front-end"脱氢酶根据进化分支图又由几个分支的组成:微藻 $\Delta^{4,5,6}$-脂肪酸脱氢酶和真菌 $\Delta^{4,5}$-脂肪酸脱氢酶;脊椎动物 $\Delta^{5,6}$-脂肪酸脱氢酶;高等植物 $\Delta^{6,8}$-脂肪酸脱氢酶;真菌、苔藓 $\Delta^{6,8}$-脂肪酸脱氢酶和线虫 $\Delta^{5,6}$-脂肪酸脱氢酶。何丽君等[123]在研究后也得到了与此相似的结论。2003 年,Sperling 等[124]研究脂肪酸脱氢酶的进化路径后认为,已知的脂肪酸脱氢酶可能源于共同的祖先基因,Δ^{15}-脂肪酸脱氢酶可以被当作 Δ^{12}-脂肪酸脱氢酶的后代基因,所有已知的"front-end"脂肪酸脱氢酶很可能是由一个具有 Δ^5 或 Δ^6 活性的融合脱氢酶衍生发展而来,和 Alonso 等研究结果不一样的是,Sperling 等认为"front-end"脂肪酸脱氢酶由 5 个分支组成(图 1-6):①高等植物、真菌的 $\Delta^{6,8}$-脱氢酶;②藻类、苔藓、部分真菌的 Δ^6-脱氢酶,线虫 $\Delta^{5,6}$-脱氢酶,眼虫 Δ^8-脱氢酶;③脊椎动物 $\Delta^{5,6}$-脱氢酶;④蓝细菌 Δ^6-脱氢酶,真菌、藻类、苔藓的 $\Delta^{4,5}$-脱氢酶;⑤破囊壶菌的 Δ^5-脱氢酶。

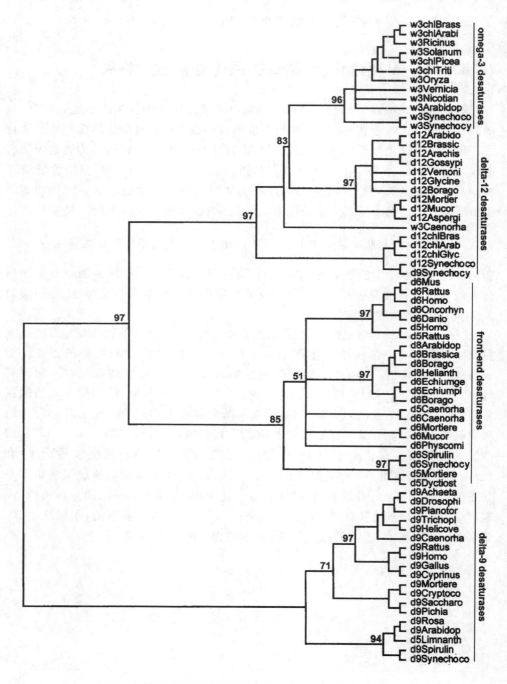

图 1-5　膜整合脱氢酶的系统进化树（Alonson 等，2003 年）

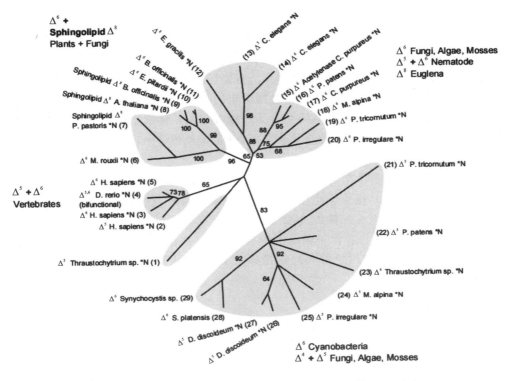

图 1-6　"front-end"脱氢酶的系统进化树(Sperling 等,2003 年)

　　张琦等[101]综合已公开报道的 *D6DES* 基因所编码的氨基酸序列构建了进化树。建树成功后分析了 *D6DES* 基因进化发展演化路径,认为不同生物的 *D6DES* 氨基酸序列具有共同的起源,大致可以分为原核生物、动物、高等植物和低等真核生物四个进化分支,推测所有 *D6DES* 基因编码氨基酸序列都起源于原核的 *D6DES* 基因编码氨基酸序列,真核生物来源的 *D6DES* 基因编码氨基酸序列由于自然选择的需要在氨基端形成了 Cytb5 的结构域,动物来源的 *D6DES* 基因编码氨基酸序列是真核来源的基础,其中鱼类的 *D6DES* 基因编码氨基酸序列可能是动物类型的 *D6DES* 基因编码氨基酸序列通过序列改变向 *D5DES* 基因编码氨基酸序列进化的中间过渡形式,高等植物和真菌类的 *D6DES* 基因编码氨基酸序列存在着共同起源,藻类和苔藓可能在高等植物和真菌类 *D6DES* 基因编码氨基酸序列的进化关系上扮演着重要的角色,秀丽线虫的 *D6DES* 基因编码氨基酸序列作为一个独立而且最基础的分支位于低等真核单系组,它可能是趋同进化的结果[7]。

根据前述内容,生物体内的 n-3 系脂肪酸和 n-6 系脂肪酸在转化生成更高级不饱和脂肪酸时需要对催化其脱氢的酶进行相互竞争利用,当体内某一系脂肪酸的含量超标时,就会影响另外一系脂肪酸的转化效率。膳食或食物中的亚油酸超过一定标准时,就会诱发或加重机体内的疾病。一种公认的观点认为:维系体内亚油酸和亚麻酸摄入和代谢的平衡非常重要。但是还没有一个可靠的标准来明确究竟摄入多少亚油酸和亚麻酸是合适的,各国制定的参考标准也不尽相同。近年来,我国人民的生活水平不断提高,高脂肪食品的摄入在人们日常生活中非常普遍,但现实生活中人们食物中的亚油酸含量非常高,而亚麻酸相对比较匮乏,两者比例严重失衡。

其实,α-亚麻酸除存在于植物油、深海鱼油中,还广泛存在于鳞翅目、膜翅目等昆虫蛹体的脂肪酸中,昆虫脂肪酸中的 PUFA 以亚油酸、亚麻酸为主,在正常饮食情况下,食用开发自昆虫蛹体的食物或保健品可以有效改善日常摄入脂肪酸的均衡性,因此,挖掘和开发富含 α-亚麻酸的蚕蛹资源,并在分子生物学水平上阐述其合成机制具有重要的应用价值和理论指导意义,可为人类提供有益的食用或医用油脂。

1.4　昆虫脂肪酸脱氢酶的研究进展

1.4.1　昆虫脂肪酸概述

昆虫脂肪酸的组成、代谢和生物学意义是昆虫生物化学的主要研究对象。脂肪酸既可以作为能量储存的物质,也可以作为生产的物质进入代谢途径;脂肪酸组成的变化不仅可以改变细胞膜的结构,还可以影响不同的生理功能。昆虫脂肪酸作为昆虫体内主要的能量储存物质、性信息素、前列腺素和防御性分泌物的主要来源,对其的深入研究是昆虫生物化学研究的一个前沿领域[125-128]。

昆虫脂肪酸按有无双键分为饱和脂肪酸和不饱和脂肪酸。不饱和脂肪酸又按双键多少分为单不饱和脂肪酸、多不饱和脂肪酸。昆虫脂肪具有较合理的脂肪酸组成,部分接近鱼油,因昆虫中饱和脂肪酸与不饱和脂肪酸的比值小于 0.4。总体来说,昆虫中不饱和脂肪酸的比例较高,对人体有良好的保健作用[129]。

1.4.2　昆虫脂肪酸脱氢酶概述

广泛存在于动物、酵母和真菌细胞中的 acyl-CoA 脱氢酶,催化底物大多是与 CoA 结合的脂肪酸。脂肪酸脱氢酶催化长链脂肪酸引入不饱和—C＝C—双键时,具有链长特异性和位置特异性[76]。例如,在 Δ^9、Δ^{12}、Δ^6 位上。根据酶的定位和辅因子需求不同,脂肪酸脱氢酶又可分成两大类[112]:①可溶性的脂肪酸脱氢酶,例如植物质体中的 Δ^9-脂肪酸脱氢酶。目前,只有植物的 acyl-ACP 脱氢酶(acyl carrier protein desaturase)是唯一可知的可溶性脱氢酶家族,它包括 Δ^9-硬脂酰 ACP 脱氢酶、Δ^4-软脂酰 ACP 脱氢酶、Δ^6-软脂酰 ACP 脱氢酶和 Δ^9-豆蔻酰 ACP 脱氢酶等。②膜结合脂肪酸脱氢酶,如 Δ^{12}-脂肪酸脱氢酶。除了植物的 acyl-ACP 脱氢酶外,其余的都是膜结合蛋白,包括哺乳动物、真菌、昆虫、高等植物和低等植物蓝细菌的 Δ^5-脱氢酶、Δ^6-脱氢酶、Δ^9-脱氢酶、Δ^{12}-脱氢酶及 Δ^{15}-脱氢酶。膜结合脂肪酸脱氢酶按其引入双键方式不同又分为两类:一类是羧基定向脱氢酶,也称为"front-end"脱氢酶,从羧端"计量"双键位置,在已有的双键和羧基末端间形成双键。这类酶有 Δ^4-脱氢酶、Δ^5-脱氢酶和 Δ^6-脱氢酶。另一类是甲基定向脱氢酶,它从甲基端"计量"双键位置,在已有双键和脂肪酸链甲基末端间形成双键。这类酶的代表有油料种子和秀丽线虫中的 ω^3-脂肪酸[77]。

昆虫脂肪酸脱氢酶的分子生物学研究起步较晚,在 20 世纪 80 年代末 90 年代初才陆续开始有一些相关报道。近年,相关研究进展迅速,并取得了令人瞩目的成就。目前,主要的几种脂肪酸脱氢酶都已从不同昆虫体内得到克隆,并在原核表达或真核表达系统中获得功能性表达。

①Δ^9-脂肪酸脱氢酶。脂肪酸作为脂质储存和细胞膜合成的结构物质,在生物体内发挥了重要的生理功能。复杂脂质在细胞内的精细化合成是由饱和脂肪酸的直接脱氢实现的。饱和脂肪酸通常是在 Δ^9 位引入第一个双键,以 C18 的脂酰-CoA 在第 9、10 位碳原子间引入第一个双键,是目前唯一已知的可溶性脂肪酸脱氢酶。和其他需氧生物一样,昆虫体内的 Δ^9-脂肪酸脱氢酶可以催化 C18 和 C16 的饱和脂肪酸脱氢生成相应的 Δ^9-单烯不饱和脂肪酸,这是由底物脂酰-CoA 直接脱氢生成的,1986 年,Thiede 等[130]首先从鼠肝中分离到 Δ^9-硬脂酰 CoA 脱氢酶的 cDNA,长为 1 074 bp,编码 358 个氨基酸,相对分子质量为 41.4 kDa,并在烟草中成功实现功能表达。时至今日,已经有大量的昆虫 Δ^9-脂肪酸脱氢酶被克隆出来,如家蝇[131,132]、地中海实蝇[133]、东亚飞蝗[134]、粉纹夜蛾[135]等,这些昆虫中的 Δ^9-脂肪酸脱氢酶和在酿酒酵母、原核动物和高等动物的一样,是微粒体酶,需要 O_2 和吡

啶核苷酸残基、NADH 或 NADPH 作为电子供体,它的最适 pH 是 6.8~7.2。对家蝇 Δ^9-脂肪酸脱氢酶的研究还发现 NADPH 作为电子供体催化效果要好于 NADH。昆虫 Δ^9-脂肪酸脱氢酶的底物可以直接是 C14 到 C18 的脂肪酰-CoA,其中活性最高的是 C18：0-CoA。尽管被认为是微粒体酶,Δ^9-脂肪酸脱氢酶在果蝇和地中海实蝇的线粒体中也有发现,这是利用氰化物和一氧化碳对脱氢酶的影响区分线粒体和微粒体内脱氢酶的活性[128]。

②Δ^{11}-脂肪酸脱氢酶。Δ^{11}-脂肪酸脱氢酶是昆虫中特有的一个与性信息素合成有关的脂肪酸脱氢酶。早在 40 多年前人们发现了由脱氢酶催化产生挥发性昆虫激素的现象。脱氢酶在位置和立体异构方面的多样性是其产生各种特异性的化学信号的合理解释[136]。最早对 Δ^{11}-脂肪酸脱氢酶进行立体化学分析的是 Boland 等,他们发现在甘蓝夜蛾(*Mamestra brassicae* L.)中的 Δ^{16}-脂肪酸脱氢酶是去除顺式蛋白质结构中侧键上的氢,在烟草天蛾(*Manduca sexta*)和家蚕(*Bombyx mori* L.)中也发现了类似的结果[137]。Liu 等一直致力于研究海灰翅夜蛾(*Spodoptera littoralis*)的脱氢酶系统的立体化学和氧化作用发生的起始位点的细节,因为在这一系统中,去饱和作用能产生独特的顺式十四碳单烯醇和顺顺十四碳二烯醇化合物的混合物,推测单烯醇化合物是由 Δ^{11}-脂肪酸脱氢酶形成的,因为它能容纳两个相互快速转化构象的底物[138]。

③Δ^{12}-脂肪酸脱氢酶。1982 年,Blomquist[139] 利用乙酸酯加入用硝酸银薄层色谱和放射性气液色谱的方法,用亚油酸酯标准物做对照,证实了亚麻酸的从头生物合成在蟑螂、白蚁和家蚕中存在。1990 年,Gripps 等首次从家蟋蟀(*Acheta domesticus*)分离得到了源于动物的 Δ^{12}-脂肪酸脱氢酶,家蟋蟀 Δ^{12}-脂肪酸脱氢酶是一种微粒体酶,它是需要吡啶核苷酸、NADH 或 NADPH 作为电子供体,但更偏爱 NADPH 作为电子供体[140]。2008 年,Zhou 等分别从家蟋蟀和赤拟谷盗克隆得到 Δ^{12}-脂肪酸脱氢酶基因,并把它们构建重组质粒后转化到酿酒酵母表达,结果证实两条基因编码的蛋白质均可以催化油酸在 Δ^{12} 位脱氢生成亚油酸,这是国际上首次用分子生物学的方法克隆得到动物的 Δ^{12}-脂肪酸脱氢酶基因,构建进化树后发现,家蟋蟀和赤拟谷盗的 Δ^{12}-脂肪酸脱氢酶存在独立进化的途径[141]。

④Δ^{15}-脂肪酸脱氢酶。Δ^{15}-脂肪酸脱氢酶主要存在于植物和低等动物体内,生物体中一般有两个基因,一个在微粒体中,一个在质体中。1992 年,Arondel 等[91] 首先从拟南芥(*Arabidopsis thaliana* L.)中分离到内质网 Δ^{15}-脂肪酸脱氢酶基因的 cDNA,后来陆续在拟南芥叶绿体、大豆质体、油菜微粒体中,蓝细菌、拟南芥、水稻(*Oryza sativa* L.)、线虫线粒体中也克隆到该基因。将这些 Δ^{15}-脂肪酸脱氢酶基因构建重组表达质粒后转入拟南芥和烟草中,利用气相色谱检测发现这些基因都能获得功能性表达,转基因植株中 α-亚麻酸的含量增加。Δ^{15}-脂肪酸脱氢酶基

因主要存在于高等植物中，而且不同植物中基因同源性比较高，但与动物、微生物中的同源性比较低[142]。

⑤Δ^5-/Δ^6-脂肪酸脱氢酶。1998 年，Michaelson 等[143]首次从线虫中分离到 D5DES 基因，将其构建重组质粒后在酵母中进行了功能性表达。不同实验室从高山被孢霉、盘基网柄菌（Dictyostelium discoideum）中克隆到该基因，将它们转入油菜和酵母中都能获得功能性表达。2001 年，Hastings 等[103]从斑马鱼中克隆到一个同时具有 Δ^5-和 Δ^6-脂肪酸脱氢酶活性的基因。Δ^6-脂肪酸脱氢酶是长链不饱和脂肪酸合成代谢途径中的限速酶，而且其脱氢产物 γ-亚麻酸有重要的生理功能，经多步脱氢、延伸反应后生成花生四烯酸（ARA）、前列腺素类和白三烯类等生理活性物质[105]，因而一直以来科学家们对该基因的关注度较高，在其表达调控和功能鉴定上有很多成果。1993 年，Reddy[144]等利用分子生物学方法从一株产 γ-亚麻酸的蓝细菌中分离到其 D6DES 基因，并在 D6DES 缺陷型蓝细菌中中获得表达并鉴定了它的功能。3 年后，他们成功在烟草中表达了这个基因[144]。

随后几年里，不同国家的科学家在霉菌、玻璃苣、线虫、鼠、人等 20 余种不同生物中都分离到了该基因，并将这些基因分别转入酿酒酵母、烟草、油菜、马铃薯、曲霉、大豆中进行功能性表达。2001 年，李明春等[114]分离并鉴定了来源于深黄被孢霉的 D6DES 基因，随后南开大学邢来君课题组还陆续从高山被孢霉[111]、少根根霉[145]、卷枝毛霉[115]的等真菌中分离得到了 D6DES 基因，并分别对它们进行了在酿酒酵母、毕赤酵母、烟草、大豆中的功能性表达。一直以来，该课题组都在尝试高产 γ-亚麻酸的工程真菌菌株，并用克隆得到的基因改造油料作物的脂肪酸组成，卓有成效。

1.4.3　家蚕脂肪酸脱氢酶概述

家蚕是重要的模式昆虫和经济性昆虫之一，蚕蛹是蚕桑产业的重要副产品。蚕蛹具有较高的营养价值，干蚕蛹中蛋白质和脂肪含量分别约占 60% 和 30%[146]，是用于食品和药品的优质蛋白质原料[42]。分析表明，蚕蛹油脂肪酸主要由 28.8% 的饱和脂肪酸、27.7% 的单不饱和脂肪酸和 43.5% 的多不饱和脂肪酸组成[147]；不饱和脂肪酸中含量最多的 α-亚麻酸（ALA，18：3），占总脂肪酸含量的 36.3%；蚕蛹中的饱和脂肪酸主要是由 21.77% 的棕榈酸、7.02% 的硬脂酸和其他一些微量脂肪酸组成[147]。

家蚕基因组框架图与精细图（国际家蚕基因组测序合作联盟，The International Silkworm Genome Sequencing Consortium）的先后绘制完成，为家蚕全基因组序列的功能鉴定提供了重要的数据基础，如家蚕主要组织器官的基因表达序列标签的测序（EST）[148-151]和基因芯片[152]等一系列研究成果为家蚕基因结构分析与功能研究提供了丰富的信息数据库，这使得本书能够从分子水平揭示家蚕脂肪酸的合成、调节、表达及功能，进而更好地对蚕蛹及蛹油资源进行纵深开发利用。

2000年，Yoshiga等[153]利用家蚕EST数据库分离到了两个家蚕acyl-CoA脱氢酶基因序列，序列比对结果表明两条基因编码的氨基酸序列和粉纹夜蛾（*Trichoplusia ni*）的acyl-CoA Δ¹¹脱氢酶有很大的相似性，氨基酸序列中含有acyl-CoA脱氢酶催化活性必需的组氨酸保守基序；RNA印迹杂交法和RT-PCR分析揭示这两个基因主要在信息素腺体中表达，并且在成虫羽化前3天开始表达，羽化前一天显著高表达，再结合这两个酶能够催化在碳链的Δ¹¹和Δ¹⁰,¹²脱氢，可以推测这两个基因参与了家蚕性信息素的合成。2004年，Moto等[154]通过更进一步的试验确认了家蚕*Bmdesat 1*是一个双功能基因，既能参与家蚕性信息素的合成，又能参与长链脂肪酸的脱氢作用生成不饱和脂肪酸。

2011年，马艳等[155]利用公开发布的家蚕9X基因组数据库、基因芯片及EST等数据，对家蚕的脂肪酸去饱和酶（FADS）基因家族进行生物信息学分析和表达模式的研究，并采用RT-PCR、基因电子克隆技术对家蚕未知功能基因群的表达特征进行分析；利用组织原位杂交技术对其中一个基因进行定位分析。2012年，陈全梅等[156]克隆得到家蚕与野桑蚕*Desat4*基因全长cDNA，长度分别为1 717 bp和1 718 bp，ORF长度为1 059 bp，编码352个氨基酸残基，结构上有3个组氨酸保守区和4个跨膜结构域，说明该蛋白是膜蛋白。同源性分析发现*Desat4*氨基酸序列与烟草天蛾KPSE脱氢酶拥有88.9%相似性。时期表达谱分析显示*Desat4*基因从刚产下的卵到成虫（蛾）的36个不同发育时间点都有持续稳定的表达。应用原核表达系统成功地表达了Desat4蛋白。2014年，于新波等[157]利用家蚕全基因组数据、基因芯片表达数据及EST数据对家蚕脂肪酸去饱和酶基因家族进行鉴定，共鉴定出家蚕21个脂肪酸去饱和酶基因，命名为*BmFads1-24*。与其他昆虫相比，家蚕拥有数量最多的脂肪酸去饱和酶基因，对基因芯片表达数据进行分析发现，预测基因具有明显的组织和时期表达特异性和多样性，显示其广泛参与蚕体多种生理代谢。基因的系统进化分析将家蚕脂肪酸去饱和酶分为5个大类，包括Δ⁹(16>18)、Δ⁹(18>16)、Δ⁹(14-26)、Δ¹⁴和Δ¹⁰,¹¹去饱和酶，与已报道的其他昆虫脂肪酸去饱和酶分类一致。

2014年，Chen等[158]利用家蚕全基因组数据库首次鉴定了家蚕脂肪酸脱氢酶，并且构建了家蚕脂肪酸脱氢酶序列的比对和进化树，并且利用微阵列数据和RT-PCR方法分析了家蚕脂肪酸脱氢酶的时空表达模式。

1.5　研究背景、主要内容和技术路线

1.5.1　研究背景

家蚕在我国已有几千年的饲养历史,蚕桑产业一度是我国很多地区的支柱性产业,在国民经济发展过程中发挥了举足轻重的作用。家蚕还是一种非常有代表性的鳞翅目模式昆虫,进入 21 世纪以来,有关家蚕遗传学、生理、生化以及基因组学的研究对生命科学的发展起了重要的作用[159]。蚕蛹是蚕桑产业重要的副产品,蚕蛹油里含有大量的不饱和脂肪酸,对蚕蛹油的脂肪酸成分分析及分离纯化是蚕桑资源综合利用的一个研究热点,但是对蚕蛹体内脂肪酸合成的机理及过程研究的相对较少,因此很有必要在分子水平上揭示蚕蛹脂肪酸合成的机理及其关键酶脂肪酸脱氢酶的功能。

脂肪酸脱氢酶系所表达的酶蛋白不仅催化合成了相应的饱和或不饱和脂肪酸,还与昆虫所需的信息传递物质、变态发育调控,昆虫对非生物胁迫如温度、光照等的适应和生物胁迫真菌侵染有一定关系。家蚕基因组中也有相当数量的脂肪酸脱氢酶系,而且家蚕蛹体的脂肪酸含有对人类来说很重要的不饱和脂肪酸。研究家蚕脂肪酸脱氢酶的功能不仅有助于理解昆虫的生理代谢、机体被动性免疫,还有助于理解家蚕适应环境、求偶配对、信息素合成及信号传递时体内不饱和脂肪酸成分的变化。目前,与家蚕脂肪酸脱氢酶相关的研究还不多,现有的成果也较少[129]。

α-亚麻酸和 γ-亚麻酸均为人类必需的多不饱和脂肪酸,参与人体不同组织细胞生物膜的组成,二者在人体内均发挥了重要的生物学功能,但人体内缺乏合成多不饱和脂肪酸的脱氢酶类,需从外界补充足够的 α-亚麻酸和 γ-亚麻酸,而当下这两种亚麻酸的产量和质量还远不能满足人类生活中不断加大的需求。为此,生物学家和营养学家不断开发新的油脂资源来满足这种需求,蚕蛹油也是这种思路下开发利用的油脂资源,蚕蛹油脂肪酸组成具有独特优势,由其开发的蚕蛹油胶囊深受广大消费者的好评,但是蚕桑产业的发展目前正处于转型阶段,蚕蛹的产量逐年下降,蚕蛹油资源也不断萎缩,克隆家蚕 *BmFAD3-like* 和 *BmD6DES* 基因并将其转入酿酒酵母中表达,提供新的多不饱和脂肪酸生产途径显得尤为重要和紧迫,酿酒酵母表达系统非常适合用于验证真核生物基因尤其是脂肪酸脱氢酶的功能验证。本书利用分子生物学技术首次实现了家蚕两种脂肪酸脱氢酶基因在酿酒酵母 IN-VSC1 中成功表达,为多不饱和脂肪酸的生产提供了一个新的解决思路,以期为人

类的食品和保健品的开发提供一种新的途径。

1.5.2　研究的主要内容

（1）基于家蚕基因组数据库和已报道的其他昆虫的脂肪酸脱氢酶基因、其他模式生物的 ω³-/Δ⁶-脂肪酸脱氢酶基因，运用生物信息学分析后，设计引物，克隆家蚕的两个脂肪酸脱氢酶基因，然后对其进行序列分析，分别构建系统进化树。用半定量 RT-PCR 方法考察它们在家蚕不同发育时期和 5 龄 3 d 幼虫不同组织的表达谱。

（2）将家蚕的两个脂肪酸脱氢酶基因构建重组质粒转化到大肠杆菌 BL21 (DE3)中进行原核表达，IPTG 诱导表达并优化表达条件，在体外获得两种基因的融合表达蛋白后制备抗体，通过蛋白质免疫印迹法检测蛋白的表达情况。

（3）为进一步验证这两个基因的功能，将家蚕的两个脂肪酸脱氢酶基因分别与真核表达载体 pYES2.0 连接构建成重组质粒，转入酿酒酵母表达，重组工程菌株进行液体发酵，添加外源底物亚油酸诱导表达，用气相色谱检测重组工程菌编码蛋白催化亚油酸转化成 ALA 和 GLA 的能力。

（4）为了探究低温诱导、真菌侵染和注射 siRNA 对家蚕类 ω³-/Δ⁶-脂肪酸脱氢酶基因在蛹体内 mRNA 相对转录水平表达情况的影响，设计如下试验：

①低温诱导。将预蛹两天的蚕蛹分别置于 0 ℃、10 ℃、30 ℃环境中，每隔 12 h 取样一次，每次取样平行 3 头，提取总 RNA，逆转录成合成 cDNA，家蚕 RP49 基因作内参，用 qRT-PCR 检测低温诱导对家蚕脂肪酸脱氢酶基因 mRNA 相对转录水平的影响。

②真菌侵染。将预蛹两天的蚕蛹分别注射白僵菌液态培养孢子(1×10⁸ 个/mL)，同时设置注射无菌水预蛹体作为对照，每隔 12 h 取样一次，每次取样平行 3 头，提取总 RNA，逆转录成合成 cDNA，家蚕 RP49 基因做内参，用 qRT-PCR 检测真菌侵染对家蚕脂肪酸脱氢酶基因 mRNA 转录水平的影响。

③注射 siRNA。根据已知的家蚕脂肪酸脱氢酶基因 mRNA 序列，设计 siRNA 并添加保护碱基，TE 缓冲液溶解后注射到预蛹体内，每头注射一定剂量，注射 siRNA 后的预蛹蚕体作为试验对象。同时，注射无菌水作为对照，每隔 12 h 取样一次，每次取样平行 3 头，提取总 RNA，逆转录成合成 cDNA，家蚕 RP49 基因作内参，用 qRT-PCR 检测注射 siRNA 后对家蚕脂肪酸脱氢酶基因 mRNA 转录水平的影响。

1.5.3　研究的技术路线

技术路线如图 1-7 所示。

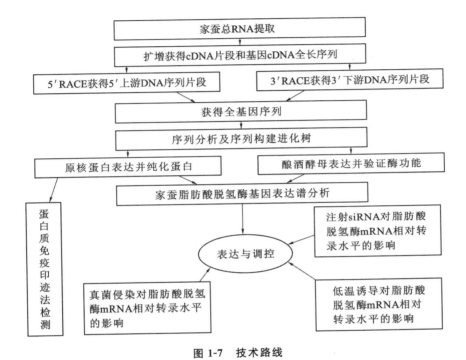

图 1-7　技术路线

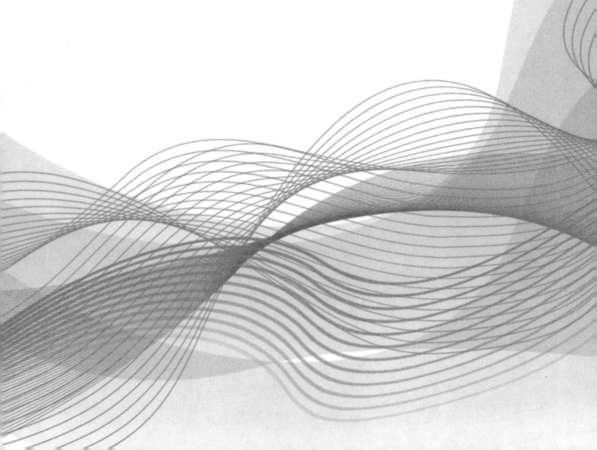

2　家蚕 *BmFAD3-like* 和 *BmD6DES*
基因的克隆与序列分析

2.1 引　　言

多不饱和脂肪酸(PUFA)是构成生物细胞膜的重要组成成分,可以维持人体的正常生理功能,尤其是 α-亚麻酸(ALA)和 γ-亚麻酸(GLA),它们的合成代谢是从单烯不饱和脂肪酸——油酸(oleic acid,OA)起始的。OA 是由硬脂酸(octade-canoic acid,OTA)通过 Δ^9-脂肪酸脱氢酶(fatty acid desaturase,FAD)的催化作用而生成的。油酸可以在 Δ^{12}-脂肪酸脱氢酶的催化下生成亚油酸(linoleic acid,LA),亚油酸可通过 PUFA 代谢的 ω^6-途径生成 γ-亚麻酸,也可以通过 ω^3-脂肪酸脱氢酶的催化作用生成 α-亚麻酸(ALA),由此开启 PUFA 代谢的 ω^3-途径[160]。

2006 年,朱贵明等[161]克隆得到来源于线虫的 ω^3-脂肪酸脱氢酶基因 *sFat-1*,并且通过脂质体包埋后转染了 CHO 细胞,进行抗性筛选后获取了稳定的转染细胞株。CHO 工程细胞株经 GC-MS 检测表明,*sFat-1* 基因能够在 CHO 细胞中表达,细胞中 ω^6-系列 PUFA 的总量减少,而 ω^3-系列 PUFA 的总量相应得到了提高。2010 年,黄胜和[7]从月见草中分离并鉴定得到 Δ^6-脂肪酸脱氢酶基因,并在酿酒酵母中表达,验证了该基因的功能。α-亚麻酸和 γ-亚麻酸都是人体必需的脂肪酸,缺乏这两种亚麻酸后会在一定程度上引起人体生理功能的紊乱,必须从膳食、保健品或医疗途径获得足够的多不饱和脂肪酸以满足机体需求。家蚕蛹油是一种很重要的不饱和脂肪酸资源,也是蚕桑资源重要的组成部分。目前对其的研究大都集中在如何从中提取纯化不饱和脂肪酸,而对蚕蛹油中不饱和脂肪酸代谢及酶催化的机理研究较少。本书从家蚕二化性品种大造 P50 中克隆得到与不饱和脂肪酸合成有关的 ω^3-脂肪酸脱氢酶、Δ^6-脂肪酸脱氢酶基因,利用 RACE 技术获得其 cDNA 序列全长,并利用生物信息学软件对其序列特性进行分析。

2.2 材料与设备

2.2.1 材料

家蚕品系为大造 P50,由中国农业科学院蚕业研究所生物(蚕桑)资源功能实验室饲养,在 25 ℃、相对湿度 65%±5%,12 h 光照、12 h 黑暗条件下用桑叶饲养。上蔟结茧、化蛹、羽化产卵等按照常规条件保护。大肠杆菌(*Escherichia coli*)TOP10 由中国农业科学院蚕业研究所生物(蚕桑)资源功能实验室保存并活化,pMD18-T 载体购于宝生物工程(大连)有限公司。

2.2.2 酶和试剂

限制性内切酶、T4 DNA 连接酶、Taq 酶、pMD18-T 载体、逆转录试剂盒购自宝生物工程(大连)有限公司,质粒提取试剂盒、PCR 产物纯化试剂盒、DNA 胶回收试剂盒、TRizol RNA、DNA Marker DL2000 提取试剂盒购自生工生物工程(上海)股份有限公司。

无水乙醇、异丙醇、异戊醇、氯化钙、氯仿、Tris 碱、EDTA、苯酚、盐酸、醋酸钠、氨苄西林(Ampicillin)等生化试剂均为国药集团分析纯级产品,琼脂粉、琼脂糖购自 Ameserco 公司。

2.2.3 引物合成和测序

基于家蚕基因组数据库和已报道的其他昆虫的脂肪酸脱氢酶基因、其他模式生物的 ω^3-/Δ^6-脂肪酸脱氢酶基因,运用生物信息学分析后,用 Primer Premier 5.0 软件完成引物设计,引物的合成及 DNA 序列测序均委托生工生物工程(上海)股份有限公司完成。用于扩增 *BmFAD3-like* 和 *BmD6DES* 基因的引物见表 2-1 和表 2-2。

表 2-1   用于扩增家蚕 ω^3-脂肪酸脱氢酶的引物

引物对	引物名称	引物序列 ($5' \to 3'$)	退火温度 T_m
P1	Noval F	ATGGCTCCGGCGCAACAGAACG	64 ℃
	Noval R	CTAAAGTGCCATCACCGCTCCT	60 ℃
P2	5′RACEGSP1	AGTGCTCCACATTATTTTCGTCTT	62 ℃
	5′RACEGSP2	CCATTACTTCTGTGCAAACTTCAA	62 ℃
P3	3′RACEGSP1	GCCAAAGGCCATACCGTCGACGTG	65 ℃
	3′RACEGSP2	GCCTTTAGCCTGCTTCATCATGCCT	70 ℃
P4	semi-RT-PCR	CTTTAGCCACCATTTACACGTC	53 ℃
	semi-RT-PCR	GTAGTTGTGCCAGCCTTCTCCG	57 ℃
P5	BmACTIN3 F	ATGGCCACCGCTGCATCCAGCAG	59 ℃
	BmACTIN3 R	TTCCTGTGTACAATGGAGGGACC	59 ℃

表 2-2   用于扩增家蚕 Δ^6-脂肪酸脱氢酶的引物

引物对	引物名称	引物序列 ($5' \to 3'$)	退火温度 T_m
P1	Noval F	ATGGCACTAAATACGGAC	64 ℃
	Noval R	TTAGAAGCCTAATTT	60 ℃
P2	5′RACEGSP1	GGTTTCTGGGTGCTGTCGTTTTTC	62 ℃
	5′RACEGSP2	CCTCGGCTCCATCCAGAATTTGTT	62 ℃

续表

引物对	引物名称	引物序列 (5′→3′)	退火温度 T_m
P3	3′RACEGSP1	GCGTTGCACCATCTCTTCCCCACATT	65 ℃
	3′RACEGSP2	TGATTTTCGGGGTTCTTACCTTAGGC	70 ℃
P4	semi-RT-PCR	CTCTTTGCTGATTGCGTTTT	53 ℃
	semi-RT-PCR	AGATGCGAATGATGTCCAGC	57 ℃
P5	BmACTIN3 F	ATGGCCACCGCTGCATCCAGCAG	59 ℃
	BmACTIN3 R	TTCCTGTGTACAATGGAGGGACC	59 ℃

2.2.4　培养基和溶液配制

LB培养基:1.0% 胰蛋白胨,0.5% 酵母粉,1.0% NaCl,pH=7.0,121 ℃ 灭菌20 min(固体加入 1.5% 琼脂粉);苯酚:氯仿:异戊醇(体积比):25:24:1;TE 缓冲液:10 mmol/L Tris-HCl,1 mmol/L EDTA(pH=8.0);DNA 抽提裂解液:100 mmol/L Tris-HCl(pH=8.0),5 mmol/L EDTA(pH=8.0);500 mmol/L NaCl,1.25% SDS,1 mmol/L β-巯基乙醇;3 mol/L NaAc(pH=5.2),121 ℃ 灭菌20 min;0.1 mol/L CaCl₂,121 ℃ 灭菌20 min。

2.2.5　仪器和设备

主要仪器和设备见表2-3。

表 2-3　　　　　　　　　　　　　主要仪器和设备1

仪器和设备名称	型号	生产厂家
电热鼓风干燥箱	DHG-9143BS	上海新苗医疗器械制造有限公司
高速冷冻离心机	H-2050R	湖南长沙湘仪离心机仪器有限公司

续表

设备名称	型号	生产厂家
恒温水浴锅	DK-80	上海精宏实验设备有限公司
冰箱	BCD-555KWM	广东美的电器股份有限公司
数显超低温冰箱	WUF-400	韩国 DAIHAN 电器有限公司
电子天平	BSA124S	赛多利斯(中国)有限公司
PCR 仪	MG96G	杭州朗基科学仪器有限公司
凝胶电泳图像分析系统	JD-801M	江苏省捷达科技发展有限公司
灭菌锅	Sx-500	日本 Tomy 公司
制冰机	KM-75A	日本 HOSHIZAKI 公司
培养箱	DNP-9052	上海精宏实验设备有限公司
恒温振荡器	SHZ-2	上海跃进医疗器械有限公司
净化工作台	SW-CJ-1FD	上海新苗医疗器械制造有限公司
旋转蒸发仪	N-100	上海爱朗仪器有限公司
冷冻干燥机	FDU-2100	上海爱朗仪器有限公司
迷你电泳系统	Bio-Rad	美国伯乐公司
紫外可见分光光度计	Nano Drop 1000	美国赛默飞世尔科技公司
高速离心机	5424	德国艾本德公司
微量移液器	Research plus	德国艾本德公司

2.3 试验方法

2.3.1 家蚕总RNA和基因组DNA的提取

2.3.1.1 家蚕总RNA的提取

(1)取新鲜家蚕组织置于预先干热灭菌后预冷的陶瓷研钵中,加入液氮充分研磨,将得到的组织粉末转移至1.5 mL离心管。

(2)向无RNA降解酶的离心管中加入500 μL裂解液混匀后放置5～10 min,然后用移液枪混匀,剪切基因组DNA。

(3)向离心管中加入100 μL氯仿和异戊醇(体积比为24∶1),涡旋振荡混匀30 s。

(4)在高速离心机上以10 000 r/min的转速在室温下离心5 min。

(5)取上层清液(约450 μL)小心转移到无菌、无RNA降解酶的2 mL离心管中,加入150 μL无水乙醇,混合均匀。室温放置5 min,以10 000 r/min的转速离心1 min。

(6)将上述溶液转移至小型离子交换层析柱(事先套放在2 mL收集管内)中,室温放置2 min,充分吸附后,以10 000 r/min的转速室温离心1 min。

(7)轻轻取出吸附柱,弃去收集管中的废液,再将柱子放回收集管中,加入450 μL RPE洗涤缓冲溶液,以10 000 r/min的转速室温离心30 s。

(8)重复步骤(7)一次。

(9)小心取出柱子,弃去收集管中的废液,将柱子放回收集管中,以10 000 r/min的转速室温离心15 s。

(10)小心取出柱子,放入无菌、无RNA降解酶的2 mL离心管中,在柱内膜的中心加入50 μL无RNA降解酶去离子水双蒸水,60 ℃水浴2 min。

(11)以10 000 r/min的转速在室温离心1 min。离心管中的溶液即为家蚕总RNA样品,立即使用或在−80 ℃冰箱中保存备用。

2.3.1.2 家蚕基因组DNA的提取

DNA提取按照生工生物工程(上海)股份有限公司动物基因组DNA提取试剂盒(NO. B511206)说明书进行。

2.3.2 家蚕 *BmFAD3-like* 和 *BmD6DES* 基因核心片段的获取

2.3.2.1 cDNA 第一链模板的合成

（1）在无 RNase PCR 管中配制表 2-4 所示 cDNA 第一链随机引物扩增体系，反应总体系 10 μL。

表 2-4   cDNA 第一链随机引物扩增体系表

组分	体积
随机 6 碱基引物	1 μL
脱氧核苷三磷酸（含脱氧核糖）混合物（10 mmol/L）	1 μL
模板 RNA	2 μL
双蒸水	加至反应液 10 μL

（2）在 65 ℃金属浴恒温器中变性 5 min 后，立即取出无 RNase PCR 管置于冰上冷却。

（3）在上述无 RNase PCR 管中配制如表 2-5 所示 cDNA 第一链反转录酶 II 扩增体系表，反应总体系 20 μL。

表 2-5   cDNA 第一链反转录酶 II 扩增体系表

组分	体积
逆转录酶	1 μL
5 倍逆转录酶缓冲液	2 μL
核糖核酸酶抑制剂	1 μL
步骤（1）反应产物	10 μL
双蒸水	加至反应液 20 μL

(4)缓慢混匀。

(5)逆转录反应在 42 ℃金属浴恒温器中保温 30 min。

(6)95 ℃ 热敷 5 min 致酶失活后,立即置于冰上冷却反应产物。

2.3.2.2　家蚕 *BmFAD3-like* 和 *BmD6DES* 基因已知序列的 PCR 扩增

(1)在无菌的 PCR 管中依次加入表 2-6 中所列 PCR 反应试剂(反应总体系 50 μL)。

表 2-6　　　　　**家蚕 *BmFAD3-like* 和 *BmD6DES* 基因扩增体系表**

组分	体积
10 倍脱氧核糖核酸扩增缓冲溶液	5 μL
脱氧核苷三磷酸(含脱氧核糖)混合物(2.5 mmol/L)	4 μL
脱氧核糖核酸扩增酶	0.5 μL
cDNA 第一链模板	1 μL
P1 或 P1′引物(10 mmol/L)	1 μL
P2 或 P2′引物(10 mmol/L)	1 μL
双蒸水	37.5 μL

(2)将所有试剂加入完毕后,用微量移液器配合 200 μL 吸头反复吹吸混匀,短暂离心后,置于 MG96G PCR 仪上,设置好反应程序后进行 PCR 反应。家蚕 *BmFAD3-like* 或 *BmD6DES* 基因 PCR 扩增程序如下:95 ℃预变性 3 min,94 ℃变性 30 s,58 ℃退火 30 s,72 ℃延伸 1 min,以上 35 个循环,最后 72 ℃延伸 10 min,立即回收 PCR 产物或储存于−20 ℃冰箱。

2.3.2.3　PCR 产物的回收

(1)PCR 产物置于 1% 琼脂糖凝胶中在 120 V 电压下电泳 30 min,将目的片段用干净的手术刀切胶回收,放入预先灭菌的 1.5 mL 的离心管中,称重。

(2)根据称得胶块的质量和琼脂糖浓度,加入 3 倍体积的缓冲液。

(3)将离心管置于 50~60 ℃水浴加热约 10 min,至胶块完全融化。

(4)将熔化好的溶液全部移入 DNA 吸附柱内,室温放置 2 min。以 10 000 r/min 的转速离心 1 min,倒掉收集管内的液体,将吸附柱放入同一个收集管中。

(5)吸取 500 μL 清洗液缓慢加到 DNA 吸附柱的中央,在室温下静置 1 min。以 10 000 r/min 的转速离心 1 min 后,倒掉收集管中的液体,将吸附柱放入同一个收集管中。

(6)重复步骤(5)一次。

(7)将真空吸附柱和收集管放入离心机,以 10 000 r/min 的转速离心 30 s,除去残留液体并让残留的乙醇充分挥发。

(8)将 DNA 吸附柱置于 1.5 mL 离心管中,静置 10 min 后加入 35 μL 洗脱缓冲液至管内吸附柱中,以 10 000 r/min 的转速,离心 1 min。

(9)将得到的 DNA 溶液置于 −20 ℃ 冰箱冻存备用。

2.3.3　重组质粒的构建与检测

2.3.3.1　PCR 产物与 pMD-18 T 载体连接

(1)纯化后的 PCR 产物与 pMD-18 T 载体进行连接,反应体系如表 2-7 所示。

表 2-7　　　　　**PCR 产物与 pMD-18 T 载体连接体系表**

组分	体积
DNA 扩增产物	4.5 μL
高效连接液	5 μL
pMD-18T 载体	0.5 μL
总计	10 μL

(2)将上述混合物指弹两次混匀,以 10 000 r/min 的转速离心 30 s,置于 4 ℃ 冰箱 8 h(过夜)。

2.3.3.2　大肠杆菌感受态细胞的制备和转化

(1)挑取 LB 无抗性平板上新活化的 *E.coli* TOP10 单菌落,接种于预先灭菌好的 5 mL LB 液体培养基中,37 ℃ 下摇床培养至菌落生长后期。

(2)将该菌液以1：100～1：50的比例转接于事先灭菌的LB液体培养基中，37 ℃下振荡培养至$OD_{600nm}=0.5$。

(3)将步骤(2)得到的培养液转入预冷的50 mL无菌离心管中，冰浴20 min，4 ℃下以5 000 r/min的转速离心10 min。

(4)弃上层清液，加入30 mL预冷的0.1 mol/L $CaCl_2$溶液重悬细胞，在冰上放置约30 min，4 ℃下以5 000 r/min的转速离心10 min。

(5)弃上层清液，可先加2 mL 0.1 mol/L $CaCl_2$溶液轻轻悬浮细胞，再加入等体积的50%甘油，冰浴5 min，感受态细胞悬液就制备完成了。

(6)将感受态细胞悬液按每管100 μL分装成小份，置于−80 ℃冰箱保存。

2.3.3.3　连接产物转化大肠杆菌TOP10

(1)把感受态细胞置于冰浴中解冻。

(2)用移液枪取10 μL制备好的PCR产物与PMD-18T载体混合液缓慢加入一份解冻完全的大肠杆菌TOP10感受态细胞(100 μL)中，于冰上放置30 min。

(3)取出冰浴后的转化感受态细胞，立即用42 ℃水浴热敷1.5 min后，迅速置于冰上2 min。

(4)向盛有110 μL转化感受态细胞的EP管中加入无抗性LB液体培养基至1 000 μL，在37 ℃下振荡培养1 h。

(5)在平板上涂布10 μL的IPTG(200 mg/mL)和40 μL的X-gal(20 mg/mL)。

(6)从EP管中取出100 μL菌液涂平板。

(7)将剩余菌液在5 000 r/min的转速下，于4 ℃离心10 min，倾倒一部分上层清液后，剩余200 μL菌液涂抗性平板。

(8)37 ℃培养过夜。

将培养过夜的平板放置于4 ℃冰箱4～5 h后，进行蓝白斑筛选。平板上含有IPTG和X-gal，因此白色菌落是成功转入目的基因片段的阳性克隆，蓝色菌落是没有转入目的基因片段的阴性克隆。

2.3.3.4　质粒的制备

(1)挑取平板上的白色单菌落，接种于含有Amp抗生素的5 mL LB培养液的试管中，于37 ℃摇床充分振荡培养12～16 h。

(2)向已灭菌的EP管中加入1 mL培养过夜的菌液，在10 000 r/min转速下离心2 min，收集菌体，并彻底去除上层清液。

（3）在菌体中加入 250 μL 缓冲液 P1，用移液枪枪头反复吸、吹悬浮细菌。

（4）加入 250 μL 缓冲液 P2，立即轻轻颠倒离心管 5～10 次，使两种缓冲液混匀，室温放置 2～5 min（整个操作避免剧烈振荡）。

（5）加入 350 μL 缓冲液 P3，立即轻轻颠倒离心管 5～10 次，室温放置 2 min。

（6）在 12 000 r/min 的转速下离心 15 min。将上层清液全部小心移入吸附柱内。

（7）倾尽 EP 管中的离心废液，把吸附柱放入原来的收集管，吸取清洗液 500 μL 加到吸附柱中央的吸附介质上，再在 10 000 r/min 的转速下于室温离心 30 s，将吸附柱放入同一个收集管中。

（8）重复步骤（7）一次。

（9）将空吸附柱和收集管放入离心机中，在 10 000 r/min 的转速下于室温离心 1 min，以彻底去除清洗液。

（10）向吸附柱膜中央加入 75 μL 洗脱液后，于室温静置 10 min，然后在离心机中以 10 000 r/min 的转速离心 1 min，离心后 EP 管中的溶液即为所提取的质粒 DNA，置于 −20 ℃冰箱保存或直接用于后续试验。

2.3.3.5 重组体的鉴定

（1）重组质粒的双酶切鉴定。

在 0.2 mL 灭菌的 EP 管中依次加入表 2-8 所列试剂。

表 2-8　　　　　　　　　　　**重组质粒的双酶切鉴定体系表**

组分	体积
质粒 DNA	10 μL
10 倍双酶切缓冲溶液	2 μL
脱氧核糖核酸内切酶 EcoR I	1 μL
脱氧核糖核酸内切酶 Xho I	1 μL
双蒸水	6 μL
总计	20 μL

（2）小心混匀，以 10 000 r/min 转速短暂离心，37 ℃下水浴 3 h。

（3）取 20 μL 的反应液置于 1% 琼脂糖凝胶电泳（120 V，30 min）检测 *EcoR* I 和 *Xho* I 双酶切结果。

（4）菌落 PCR 鉴定。

按照表 2-9 所示组分配制 PCR 反应液。

菌落 PCR 引物 Primer 1 M13F 5′CGCCAGGGTTTTCCCAGTCACGAC3′，Primer 2 M13R 5′AGCGGATAACAATTTCACACAGGA3′。

表 2-9　　　　　　　　　　重组质粒的菌落 PCR 鉴定体系表

组分	体积
10 倍脱氧核糖核酸扩增缓冲溶液（含镁离子）	2.5 μL
引物 1（10 μmol/L）	0.5 μL
引物 2（10 μmol/L）	0.5 μL
脱氧核苷三磷酸（含脱氧核糖）混合物（2.5 mmol/L）	2.0 μL
脱氧核糖核酸扩增酶	0.25 μL
双蒸水	加至反应液 25 μL

将上述 25 μL 反应液指弹 2～3 次混匀，1 000 r/min 离心 30 s 后进行 PCR 扩增。扩增程序为：95 ℃预变性 3 min 后，进行 25 轮 94 ℃变性 30 s，55 ℃退火 30 s，72 ℃延伸 1 min 的循环，最后 72 ℃延伸 10 min。PCR 产物用 1% 的琼脂糖凝胶在 120 V 电压下电泳 30 min，后于凝胶成像系统中检测结果。

2.3.3.6　阳性克隆的序列测定

序列测定委托生工生物工程（上海）股份有限公司完成，并提供报告。

2.3.4　家蚕 *BmFAD3-like* 和 *BmD6DES* 基因 5′-RACE-Ready cDNA 的合成

（1）用 Nano Drop 1000 分光光度计检测家蚕总 RNA 样品浓度。

（2）在无 RNA 酶的 PCR 管中加入如表 2-10 所示组分，配制成 5 μL 反应液。

表 2-10　　家蚕 *BmFAD3-like* 和 *BmD6DES* 基因 5′-RACE-Ready cDNA 的
第一步合成体系表

组分	体积
寡聚核苷酸 A	1 μL
5′cDNA 末端快速扩增引物	1 μL
RNA 模版	1 μL
双蒸水	加至反应液 5 μL

（3）将步骤（2）的反应液置于 70 ℃水浴中变性 5 min，后置于冰上迅速降温 2 min。

（4）1 000 r/min 离心 30 s 使反应液沉于 PCR 管底部。

（5）在无 RNA 酶的 PCR 管中加入如表 2-11 所示组分。

表 2-11　　家蚕 *BmFAD3-like* 和 *BmD6DES* 基因 5′-RACE-Ready cDNA 的
第二步合成体系表

组分	体积
5 倍第一链合成缓冲溶液	2 μL
脱氧核苷三磷酸（含脱氧核糖）混合物（10 mmol/L）	1 μL
二硫苏糖醇（20 mmol/L）	1 μL
步骤（2）的反应液	5 μL
MMLV 逆转录酶	0.5 μL
无 RNA 降解酶双蒸水	加至反应液 10 μL

（6）充分混匀后，在 42 ℃水浴中反应 90 min。

（7）向上述反应液加入 50 μL TE 缓冲液。

（8）充分混匀后，在 72 ℃水浴中静置 7 min 终止合成反应[162]。

2.3.5 家蚕 *BmFAD3-like* 和 *BmD6DES* 基因 5′-SMART RACE PCR 扩增

根据 2.3.2 小节中得到 *BmFAD3-like* 或 *BmD6DES* 基因的部分 cDNA 序列,利用 SMART™ RACE cDNA 扩增试剂盒给出的说明书,设计合成 *BmFAD3-like* 和 *BmD6DES* 基因的特异性引物对 P2 和 P3,设计合成的两个基因的特异性引物见表 2-1 和表 2-2。上游引物用试剂盒里配置的 UPM 和 NUPM。

(1)向无菌 PCR 管中加入表 2-12 所示组分,配置 5′SMART RACE PCR 第一步反应液(50 μL 反应液)。

表 2-12　**家蚕 *BmFAD3-like* 和 *BmD6DES* 基因 5′-SMART RACE PCR 第一步扩增体系表**

组分	体积
10 倍脱氧核糖核酸扩增缓冲溶液	5 μL
脱氧核糖核酸扩增酶	1 μL
脱氧核苷三磷酸(含脱氧核糖)混合物(10 mmol/L)	1 μL
10 倍 UPM 混合物	5 μL
5′-RACE-Ready cDNA	2.5 μL
通用引物 GSP1(10 μmol/L)	1 μL
双蒸水	34.5 μL

(2)将加入上述组分的 PCR 管置于梯度 PCR 仪中进行 PCR 反应。具体反应程序设置如下:首先,94 ℃变性 30 s,72 ℃退火 2 min,5 个循环;接着,94 ℃变性 30 s,70 ℃退火 30 s,72 ℃延伸 2 min,5 个循环;然后,94 ℃变性 30 s,68 ℃退火 30 s,72 ℃延伸 2 min,25 个循环;最后,72 ℃延伸 10 min。

(3)按照表 2-13 所示组分依次加入无菌的 PCR 管中配制成 50 μL 反应液。

表 2-13   家蚕 *BmFAD3-like* 和 *BmD6DES* 基因 5′-SMART RACE PCR
第二步扩增体系表

组分	体积
10 倍脱氧核糖核酸扩增缓冲溶液	5 μL
脱氧核糖核酸扩增酶	1 μL
通用引物 GSP2(10 μmol/L)	1 μL
引物 NUPM(10 mmol/L)	5 μL
脱氧核苷三磷酸(含脱氧核糖)混合物(10 mmol/L)	1 μL
经 25 倍稀释的第一步 PCR 产物	2.5 μL
双蒸水	加至反应液 50 μL

(4)5′-SMART RACE PCR 第二步扩增反应在普通 PCR 仪上进行。反应程序如下：首先,95 ℃预变性 3 min;接着 94 ℃变性 30 s,63 ℃退火 30 s;然后 72 ℃延伸 1 min,30 个循环;最后 72 ℃延伸 10 min。最终得到的 SMART 5′RACE PCR 产物置于 1% 琼脂糖凝胶中,在 120 V 电压下电泳 30 min 后,将目的条带切胶回收、连接、转化并克隆到大肠杆菌 TOP10 中,挑取阳性克隆送至生工生物工程(上海)股份有限公司进行测序[162,163]。

2.3.6 家蚕 *BmFAD3-like* 和 *BmD6DES* 基因 3′-RACE-Ready cDNA 的合成

(1)用 Nano Drop 1000 分光光度计检测并计量家蚕总 RNA 样品浓度。
(2)在无 RNA 酶的 PCR 管中加入如表 2-14 所示组分配制成 5 μL 反应液。

表 2-14　家蚕 *BmFAD3-like* 和 *BmD6DES* 基因 3′-RACE-Ready cDNA 模板
预混体系表

组分	体积
3′-RACE 引物 A	1 μL
模板 RNA	1 μL
无 RNA 降解酶双蒸水	加至反应液 5 μL

(3)将步骤(2)的反应液置于 70 ℃水浴中变性 5 min,冰上迅速降温 2 min。

(4)1 000 r/min 离心 30 s 使上述反应液沉于 PCR 管底部。

(5)在无 RNA 酶的 PCR 管中加入如表 2-15 所示反应组分。

表 2-15　家蚕 *BmFAD3-like* 和 *BmD6DES* 基因 3′-RACE-Ready cDNA
反转录扩增体系表

试剂	体积
5 倍第一链合成缓冲溶液	2 μL
脱氧核苷三磷酸(含脱氧核糖)混合物(10 mmol/L)	1 μL
二硫苏糖醇(20 mmol/L)	0.5 μL
步骤(2)的反应液	5 μL
MMLV 逆转录酶	1 μL
无 RNA 降解酶双蒸水	加至反应液 10 μL

(6)充分混匀后,在 42 ℃水浴中反应 90 min。

(7)向上述反应液加入 50 μL TE 缓冲液。

(8)充分混匀后,在 72 ℃水浴中静置 7 min 终止合成反应。

2.3.7　家蚕 *BmFAD3-like* 和 *BmD6DES* 基因 3′-SMART RACE PCR 扩增

根据 2.3.2 小节中得到 *BmFAD3-like* 或 *BmD6DES* 基因的部分 cDNA 序列,参照 SMART™ RACE cDNA 扩增试剂盒说明书分别设计 *BmFAD3-like* 和 *BmD6DES* 基因的特异性引物对 P2 和 P3,引物序列见表 2-1 和表 2-2。3′-SMART RACE PCR 扩增的试验方法如下:

(1)向无菌 PCR 管中加入如表 2-16 所示组分,配制 3′-SMART RACE PCR 第一步反应液(50 μL 反应液)。

表 2-16　**家蚕 *BmFAD3-like* 和 *BmD6DES* 基因 3′-SMART RACE PCR 第一步反应体系表**

组分	体积
10 倍脱氧核糖核酸扩增缓冲溶液	5 μL
脱氧核糖核酸扩增酶	1 μL
脱氧核苷三磷酸(含脱氧核糖)混合物(10 mmol/L)	1 μL
通用引物 GSP1(10 μmol/L)	1 μL
10 倍 UPM 混合物	5 μL
3′-RACE-Ready cDNA 模板	2.5 μL
双蒸水	34.5 μL

(2)将上述组分分别加入无 RNA 酶的 PCR 管中后,在梯度 PCR 仪中进行 PCR 反应,具体反应程序设置如下:首先,94 ℃变性 30 s,72 ℃退火 2 min,5 个循环;然后,94 ℃ 变性 30 s,70 ℃退火 30 s,72 ℃延伸 2 min,5 个循环;接着,94 ℃变性 30 s,68 ℃退火 30 s,72 ℃ 延伸 2 min,25 个循环;最后,72 ℃延伸 10 min。

(3)按照表 2-17 所示组分依次加入无菌的 PCR 管中配制成 50 μL 反应液。

表 2-17　　家蚕 *BmFAD3-like* 和 *BmD6DES* 基因 3′-SMART RACE PCR
第二步反应体系表

试剂	体积
10 倍脱氧核糖核酸扩增缓冲溶液	5 μL
脱氧核糖核酸扩增酶	1 μL
脱氧核苷三磷酸(含脱氧核糖)混合物(10 mmol/L)	1 μL
通用引物 GSP2(10 mmol/L)	1 μL
引物 NUPM(10 mmol/L)	5 μL
经 25 倍稀释后的第一步 PCR 产物	2.5 μL
双蒸水	38 μL

(4)3′-SMART RACE PCR 第二步扩增反应在普通 PCR 仪上进行。反应程序如下:首先,95 ℃预变性 3 min;接着,94 ℃变性 30 s,63 ℃退火 30 s;然后,72 ℃延伸 1 min,30 个循环;最后,72 ℃延伸 10 min。最终得到的 3′-SMART RACE PCR 产物置于 1% 琼脂糖凝胶中,在 120 V 电压下电泳 30 min 后,将目的条带切胶回收、连接、转化并克隆到大肠杆菌 TOP10 中,挑取阳性克隆送至生工生物工程(上海)股份有限公司进行测序。

2.3.8　家蚕 *BmFAD3-like* 和 *BmD6DES* 基因的表达模式

家蚕变态发育各个时期(卵、蚁蚕、1 龄起蚕、2 龄起蚕、3 龄起蚕、4 龄起蚕、5 龄 1 d、5 龄 2 d、5 龄 3 d、5 龄 5 d、5 龄 6 d、预蛹 1 d、蛹 3 d、蛹 7 d、蛾 1 d、蛾 7 d)的蚕个体,5 龄 3 d 的血淋巴、丝腺、中肠、头部、脂肪体、表皮、马氏管、精囊、卵巢液氮冷冻后置于−80 ℃冰箱保存。

RNA 的提取和 cDNA 的合成参照前述步骤进行。PCR 反应程序为:95 ℃预变性 3 min,94 ℃变性 30 s,55 ℃退火 30 s,72 ℃延伸 1 min,反应 30 个循环,72 ℃延伸 10 min,−20 ℃冰箱储存备用,同时扩增家蚕 *Actin3* 基因作为参照。

取 10 μL PCR 产物置于 1% 的琼脂糖凝胶中,1×TAE 电泳缓冲液、120 V 电压下电泳 30 min 之后,在 EB 中染色 10 min,用 ddH₂O 清洗掉多余的 EB,在凝胶成像系统中照相观察。用 Quantity one 软件分析确定所得 DNA 片段的大小和纯度。

2.3.9 家蚕 *BmFAD3-like* 和 *BmD6DES* 基因的序列分析

依据家蚕基因组数据库 DNAMAN、Clustal W1.8 软件以及其他相关网站提供的各类生物信息学软件进行在线分析。核酸及氨基酸序列的组成分分析、理化性质分析、开放阅读框（ORF）的查找和翻译利用 DNAMAN 软件完成,蛋白质跨膜结构及亲水性和疏水性的分析利用在线软件 TMHMM、ProScaLe 完成。

2.3.10 家蚕 *BmFAD3-like* 和 *BmD6DES* 基因的进化树构建

数据资料源于美国国家生物技术信息中心（National Center for Biotechnology Information,NCBI）的核酸及蛋白质数据库中已公开发表的其他生物的脂肪酸脱氢酶基因的核酸序列。

2.4 结果与分析

2.4.1 家蚕总 RNA 抽提结果

利用 UNlQ-10 柱式 Trizol 总 RNA 抽提试剂盒提取的家蚕蛹体总 RNA,Nano Drop 1000 分光光度计检测分离纯化的 RNA 浓度和 OD260/280 值,结果显示 OD_{260nm}/OD_{280nm} 值都在 2.0 左右;尿素变性聚丙烯酰胺凝胶电泳检测发现 28S、18S、5.8S 条带清晰(图 2-1),说明提取的 RNA 质量高、完整性好,可用于后续反转录合成 cDNA 的试验。

2.4.2 家蚕 *BmFAD3-like* 和 *BmD6DES* RACE 扩增电泳结果

根据生物信息学分析,设计特异性引物,从家蚕蛹体总 RNA 中经 RT-PCR 扩增得到的两条目的基因片段长度分别为 1 083 bp 和 1 335 bp(图 2-2),获得的片

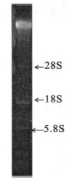

←28S

←18S

←5.8S

图 2-1 总 RNA 电泳检测

段长度与设计引物时的预期相一致,PCR 产物经切胶回收、连接转化、阳性克隆测序,送生工生物工程(上海)股份有限公司测序。测序结果经 BLAST 同源性检索,确认为家蚕 *BmFAD3-like* 和 *BmD6DES* 基因核心序列。然后根据两段基因核心序列设计巢式 PCR 引物,分别克隆得到 *BmFAD3-like* 基因的 595 bp 的 3′-SMART RACE 产物和 49 bp 的 5′-SMART RACE 产物(图 2-2)。将获得的 3′、5′末端序列与核心序列拼接最终得到 *BmFAD3-like* 基因的全长 cDNA 序列。结果表明,*BmFAD3-like* 基因全长 cDNA 序列为 1 727 bp,含一个 1 083 bp 的开放阅读框,起始于第 50~52 位的 ATG 起始密码子,终止于第 1 030~1 032 位的 TAG 终止密码子,编码一个由 360 个氨基酸组成的蛋白质[图 2-2(a)];克隆得到 *BmD6DES* 的 815 bp 的 3′-SMART RACE 产物和 210 bp 的 5′-SMART RACE 产物[图 2-2(b)、(c)]。将获得的 3′、5′末端序列与核心序列拼接最终得到 *BmD6DES* 基因的全长 cDNA 序列。结果表明,*BmD6DES* 基因全长 cDNA 序列为 2 298 bp,含一个 1 335 bp 的开放阅读框,起始于第 211~213 位的 ATG 起始密码子,终止于第 1 546~1 548 位的 TAG 终止密码子,编码一个由 444 个氨基酸组成的蛋白质。

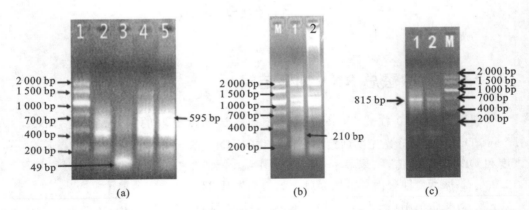

图 2-2 家蚕 *BmFAD3-like* 和 *BmD6DES* 基因 5′-SMART RACE 和 3′-SMART RACE 扩增结果

(a)泳道:1—DNA marker F;2—*BmFAD3-like* 5′-SMART RACE 阴性结果对照;

3—*BmFAD3-like* 5′-SMART RACE 结果;4—*BmFAD3-like* 3′-SMART RACE 阴性结果对照;

5—*BmFAD3-like* 3′-SMART RACE 结果;

(b)泳道:M—DNA marker F,1—*BmD6DES* 5′-SMART RACE 阴性结果对照;

2—*BmD6DES* 5′-SMART RACE 结果;

(c)泳道:1—*BmD6DES* 3′-SMART RACE 阴性结果对照;

2—*BmD6DES* 3′-SMART RACE 结果;M—DNA marker F

2.4.3　家蚕 *BmFAD3-like* 和 *BmD6DES* RACE 全长扩增拼接结果

2.4.3.1　*BmFAD3-like* 基因 cDNA 全长扩增拼接结果

BmFAD3-like 基因 cDNA 全长扩增拼接结果如下。

＞*BmFAD3-like*

agagattcgcggatccacagcctactgatgatcagtcgatggaaaaccatggctccggcgcaacagaac

　　　　　　　　　　　　　　　　　　　　M　A　P　A　Q　Q　N

attgaagtttgcacagaagtaatggaacctgcattggaattaagactcacgtctgatggatgtaaagac

　I　E　V　C　T　E　V　M　E　P　A　L　E　L　R　L　T　S　D　G　C　K　D

gaaaataatgtggagcactccaaaaataacaacacagtcaaacaaaataatatattaaacgagaaacc

　E　N　N　V　E　H　S　K　N　N　N　T　V　K　Q　N　N　I　L　N　E　K　T

aataacgaaacagactttgacatcagcaaatatgaagcaatggagttcacgccacggatcaggtggccg

　N　N　E　T　D　F　D　I　S　K　Y　E　A　M　E　F　T　P　R　I　R　W　P

gaccttgtagttcaagtgtcgctacacttagtttcaatttacggaattttcctcatagtaactaatgaa

　D　L　V　V　Q　V　S　L　H　L　V　S　I　Y　G　I　F　L　I　V　T　N　E

gtcaaacttctgactacgttgttcgctttagccaccatttacacgtcgggatttggaataaccgcgggt

　V　K　L　L　T　T　L　F　A　L　A　T　I　Y　T　S　G　F　G　I　T　A　G

gtacatagactgtggtcacatagagcttataaggcgcgaacgcctttacgaatactgttggcttttctc

　V　H　R　L　W　S　H　R　A　Y　K　A　R　T　P　L　R　I　L　L　A　F　L

tttaccatcacaggacagcgtgatatttacacgtgggctttggaccatcgtgttcatcataaatattcg

　F　T　I　T　G　Q　R　D　I　Y　T　W　A　L　D　H　R　V　H　H　K　Y　S

gagacggtggcagacccccacgatgtccggcgaggtttctggtttgcccacgtgggctggctcgtcttg

　E　T　V　A　D　P　H　D　V　R　R　G　F　W　F　A　H　V　G　W　L　V　L

acaccacatcctgcagttgaagatcgcagggtggctctgaggaagtgttcattagatctaatagaagat

　T　P　H　P　A　V　E　D　R　R　V　A　L　R　K　C　S　L　D　L　I　E　D

cccgttgttaggatacagcagaaaatcttcattccacttttttctgctgctgaatatcctcatcccaatc

　P　V　V　R　I　Q　Q　K　I　F　I　P　L　F　L　L　L　N　I　L　I　P　I

tggataccatggtacttttggaatgaaagcctggtgacgagtttcgttattagttttgttcttcgattc

　W　I　P　W　Y　F　W　N　E　S　L　V　T　S　F　V　I　S　F　V　L　R　F

acgaccactttgaatatcgccttctccgtgaacagctttgcgcatctatggggaaacaaaccgtatgac

T T T L N I A F S V N S F A H L W G N K P Y D

aggtttataaaaccagcagaaaacagtgtagtgagccttgcagcactcggagaaggctggcacaactac

R F I K P A E N S V V S L A A L G E G W H N Y

catcacgtgtttccgtgggactacagaacctcagaacttggaagaataaatgtttccacgaatttcatt

H H V F P W D Y R T S E L G R I N V S T N F I

gatttcttcgctaaaatcggatgggcttatgatcttaaagcggccacatcgtcgatgattgaaatcgag

D F F A K I G W A Y D L K A A T S S M I E I E

ctaagaggagcggtgatggcactttaggcgaatcggaagtacccgatctaattcaaaacaacattttg

L R G A V M A L —

actaaaactacttacttgaaccatcattgtaaaccaaacttgataatccaaagtaaccaattaaagtac

aatagttttgaaagtattataacattacttatttgatagattcaacagcaaagttagagatatgaaaag

gaggattattttaaattttgtcatttcgtatatttgttgatttgtaattagctttttccagcattttta

gatattaagagggattgactaaatctaattaataattttttataaaaaatacgacgaacttttagtaa

ataactagcgttaagtttattgtttgataattgttaattttaaaatttatgtagacattttatcaaaat

acgttaatgtttcaaaataaattgtatgtaattaccaaaaaattcataaagttcgacgtagcgagtaa

ttaccaatgtaaattttaacagctaaatttgttaattacaattaatgataaaaaaattcaaacattca

aacttaaaactacctatgaaataaaatatatatgttaacacaaaaaaaaaaaaaaaaaaaaaaaaaaa

2.4.3.2 *BmD6DES* 基因 cDNA 全长扩增拼接结果

BmD6DES 基因 cDNA 全长扩增拼接结果如下。

＞*BmD6DES*

Cctcggctccatccagaatttgttatcactagaaccttgcagtgcgtcggtttctgggtgctgttcgtt

Tttctttccagatcattcaacttcaagtggcacattatcttttaagcctagccaatcattgattactct

tcctactgcccatggcactaaatacggacaggcgtcgataagttttcctcaattgaaatatccaccg

M A L N T D R R Q I S F P Q L K Y P P

ttacgtgacgacgaactgaaatctactatcaaatggataaaaggaaaacaaattctggatggagccgag

L R D D E L K S T I K W I K G K Q I L D G A E

ggcttgtggagaatccatgacggattgtacgatctcacggaatttatacccagccatcccggaggagct

G L W R I H D G L Y D L T E F I P S H P G G A

caatggattcaatttactaagggtacagatatcacggagcagttcgaaacgcatcaccttaaaggaatc

Q W I Q F T K G T D I T E Q F E T H H L K G I

gccgaatcactattaccgaaatactttgttagaaaaacgacagcacccagaaaccaacccttcacattt

A E S L L P K Y F V R K T T A P R N Q P F T F

catgaagacggatttttataagacattaaaagttaaaattatcgagaaactacaagaaattccgcctgac

H E D G F Y K T L K V K I I E K L Q E I P P D

ctcagaaaaagagtgactatgtaagtgactctttgctgattgcgtttttgattgtaactccattgtgc

L R K K S D Y V S D S L L I A F L I V T P L C

agctgggcttggacacaaaatgctataattggagcagctctgacaatcctagatgcctacatactaact

S W A W T Q N A I I G A A L T I L D A Y I L T

agtttgacgatttgcgctcataattatttccatcgtgcagacaattggcggatggattggcgtatctct

S L T I C A H N Y F H R A D N W R M D W R I S

cattcaatgtcacatcacatttatacaaatactgtttatgacgtagagattagtatggcggagcccttc

H S M S H H I Y T N T V Y D V E I S M A E P F

cttcaatatcttcctcgccgagacaaatctatttgggcccaaatggcagcgttttactggcccattata

L Q Y L P R R D K S I W A Q M A A F Y W P I I

cattcattttctatcataggaatggcagtaagcatgtatttgtcagccttgcagaatccaaaggaatcg

H S F S I I G M A V S M Y L S A L Q N P K E S

acattggaatggtcgaatcttttagtgttatttggtcctgtatggatgtattttcttggtgggctctct

T L E W S N L L V L F G P V W M Y F L G G L S

ttggcttggaccttagcgctttggtttgtagtgacgttattaacaagcttacaattcgttatgtttgga

L A W T L A L W F V V T L L T S L Q F V M F G

ctaactgctggacatcattcgcatctgaacttctttgagggagatacaccaagatcagaatcaatcgat

L T A G H H S H L N F F E G D T P R S E S I D

tggggcatacaccaattagacacgattgttgagagaatcgatactcctcacgatcatttcaaatcgcta

W G I H Q L D T I V E R I D T P H D H F K S L

accagattcgggggatcacgcgttgcaccatctcttccccacattggatcacgcggaattgaagtaccta

T R F G D H A L H H L F P T L D H A E L K Y L

tatccaatattaatccagcactgcgagaaatttgaaagtaaacttcgggtcacgaactttttatagttct

Y P I L I Q H C E K F E S K L R V T N F Y S S

ttgataagtcactgtaaacaattgataagaaagaaaccgaatgattttcggggttcttaccttaggctt

L I S H C K Q L I R K K P N D F R G S Y L R L

agccgtgatattagtttacgtaaattaggcttctaatacgactcactataggggcaatgtataatcagga

S R D I S L R K L G F —

aataaaaagaaataaaatcattttatttgattagctcggttattttaaaatgtaacgtcccttttaata
aattatgagcttattttaagtgacaagaatcactataaaattatacagttgttacgttaattttaagg
acttttttccccttttttaattcattttacaaagatgaaaaattcagcatagctgcgagttacggtttc
tacgacgtgagtgaatttaaatttatttcaaagcgctgcgtagatgtgattgaacagtaagcaataatt
gctgaatgaaatctattgatagttcagttctaacttgtacgttaggcaaagttttttattttcttttat
tcccgtcctttgtttaatgaaattattaatttaaaagttaatttagatattgccaggcaataaatgtt
accacacttaaaaaatttaaactaccacttgattaaaacttacgatctcccaacttctcgagtagtttt
aactgtttattttttaggtgctattttgaccgtttgacgattttttttaattcgacatttttgaccgcga
gaccattccgtacattttgtttgacttcgaacacgtttcgagatttaattgacattgtacttaataaaa
ttattctataaatgcacgttttattgaaatgataatcataaaaattcattgatgtattttcctcccgat
ccgtgttgtggacacattttaatgtggagtaatttattattagtaataaaacaagtttaaatgttaaaa
aaaaaaaaaaaaaaaaaaaaaa

将用 SMART RACE 技术获得的 *BmFAD3-like* 和 *BmD6DES* 基因的 5′和 3′端的序列和原来的核心片段序列拼接后,获得上述的 *BmFAD3-like* 和 *BmD6DES* 基因的全长,将 cDNA 全长序列克隆至 pMD-18 T 载体中后送至生工生物工程(上海)股份有限公司测序验证,结果显示所得序列与拼接前的序列完全相符。利用在线工具 ORFfinder 进行序列翻译,所得序列如上所述。在 *BmFAD3-like* 基因所得的氨基酸序列中,有 ω³-脂肪酸脱氢酶所特有的 3 个保守组氨酸基序,这 3 个保守的组氨酸基序分别是位于编码氨基酸序列 124～129 位的 HRLWSH、161～165 位的 HRVHH、300～311 位的 GEGWHNYHH。*BmFAD3-like* 蛋白氨基酸序列中的保守组氨酸基序和已公开报道的其他生物的 ω³-脂肪酸脱氢酶的保守基序有很高的相似性;在 *BmD6DES* 基因的所得的氨基酸序列中,有 Δ⁶-脂肪酸脱氢酶所特有的 Cytb5 结合区域和 3 个保守组氨酸基序,其中 Cytb5 结合区域 HPGG 位于氨基酸序列的 61～64 位,3 个保守的组氨酸基序分别是 204～209 位的 HSMSHH、323～326 位的 HHSH、370～377 位的 HALHHLP。但是家蚕 Δ⁶-脂肪酸脱氢酶中的第 3 个保守组氨酸基序前紧邻的 3 个氨基酸是 FGD,这和已报道的其他生物 Δ⁶-脂肪酸脱氢酶中同位置的 3 个氨基酸 QIE 有明显的差异,这种差异存在的分子机制有待进一步研究。

2.4.4　家蚕 *BmFAD3-like* 和 *BmD6DES* 基因的序列分析

2.4.4.1　家蚕 *BmFAD3-like*、*BmD6DES* 基因的氨基酸组成和理化性质分析

用 DNAMAN 软件及 Expasy 网站的 ProtParam 程序对家蚕 *BmFAD3-like*、*BmD6DES* 基因的 cDNA 序列及氨基酸序列进行分析。结果表明,家蚕 *BmFAD3-like* 基因全长是 1 727 bp,开放阅读框的是 1 083 bp,由其编码的 360 个氨基酸残基的分子量是 41.5 kDa,理论等电点是 7.1;家蚕 *BmD6DES* 基因全长是 2 298 bp,开放阅读框的是 1 335 bp,由其编码的 444 个氨基酸残基的分子量是 51.7 kDa,理论等电点是 8.14,两个蛋白的等电点均大于 7。两条基因编码的氨基酸残基片段中亲脂氨基酸(Leu、ALa、Pro、ILe、VaL)占的比例较大,说明其蛋白属于亲脂蛋白。另外,不稳定系数小于 50,说明这两个基因编码的蛋白在体外可能比较稳定。

2.4.4.2　家蚕 *BmFAD3-like*、*BmD6DES* 基因编码蛋白亲水性/疏水性的预测和分析

用 ProtScale 在线工具对 *BmFAD3-like*、*BmD6DES* 基因编码的氨基酸序列的亲水性、疏水性进行预测(图 2-3)。结果表明,两条基因编码的脂肪酸脱氢酶属于膜整合蛋白,其中 *BmFAD3-like* 多肽链第 240 位 Y 最高分值为 3,疏水性最强;而第 55 位的 S 具有最低值 2.90,疏水性最强,*BmD6DES* 多肽链第 150 位 A 最高分值为 3,疏水性最强;而第 429 位的 S 具有最低值 2.60,疏水性最强,已克隆鉴定的 ω^3-/Δ^6-脂肪酸脱氢酶的保守组氨酸基序都是相似的,只是所处的位置不同,几乎都是位于脂肪酸脱氢酶的亲水区域。整体而言,位于横坐标下方肽段,两端和中间部分亲水,且分布均匀,位于横坐标上方为亲脂肽段,推测家蚕脂肪酸脱氢酶蛋白的疏水性不太明显,而且跨过了组氨酸富集区,这和已研究的其他生物的脂肪酸脱氢酶的疏水性有很大的相似性。

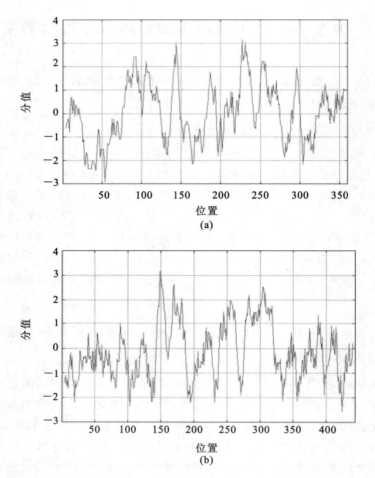

图 2-3　家蚕 *BmFAD3-like*、*BmD6DES* 基因编码蛋白亲水性及疏水性分析

(a)*BmFAD3-like* 基因；(b)*BmD6DES* 基因

2.4.4.3　家蚕 *BmFAD3-like*、*BmD6DES* 基因编码蛋白的跨膜结构域预测

利用在线工具 TMHMM 对家蚕 ω^3-/Δ^6-脱氢酶氨基酸序列的跨膜结构域进行预测，结果发现家蚕 *BmFAD3-like* 基因编码蛋白具有 4 个明显的跨膜结构域[图 2-4(a)]，而家蚕 *BmD6DES* 基因编码蛋白有 5 个明显的跨膜结构域[图 2-4(b)]。

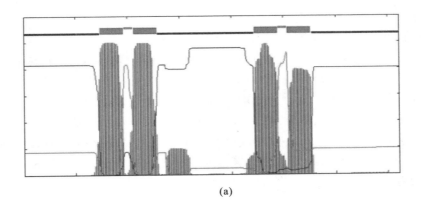

(a)

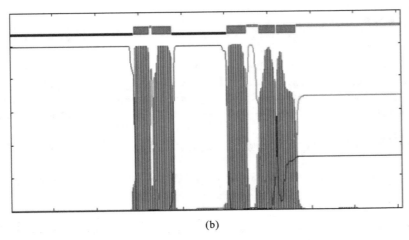

(b)

图 2-4 家蚕 *BmFAD3-like*、*BmD6DES* 基因编码蛋白跨膜结构域分析
(a)*BmFAD3-like* 基因编码蛋白跨膜结构域分析;(b)*BmD6DES* 基因编码蛋白跨膜结构域分析

2.4.4.4 家蚕 *BmFAD3-like*、*BmD6DES* 基因的信号肽预测和分析

一般来说,信号肽位于蛋白质 N 端,一般有 16～26 个氨基酸残基,包括疏水核心区、信号肽的 C 端和 N 端等三部分。利用在线工具 SignaLP 3.0 对家蚕 *Bm-FAD3-like*、*BmD6DES* 基因的信号肽进行预测,结果表明,家蚕 *BmFAD3-like*、*BmD6DES* 基因的氨基酸不含有信号肽。其他已公开发表的脂肪酸脱氢酶的氨基酸序列也是类似的情况,即都不含信号肽。

2.4.4.5　家蚕 *BmFAD3-like*、*BmD6DES* 基因编码蛋白二级结构的预测

利用 DNA STAR 中的 Protean 程序,参考 Eisenberg 等方法对家蚕 *Bm-FAD3-like*、*BmD6DES* 基因编码蛋白进行二级结构预测(图 2-5)。结果显示,家蚕 *BmFAD3-like* 和 *BmD6DES* 基因编码蛋白相似,均含有大量的 α 螺旋和 β 折叠,二者占氨基酸全序列的 70% 以上,其余为转角和无规卷曲。家蚕 *BmFAD3-like* 和 *BmD6DES* 基因编码蛋白分别含 α 螺旋 24 个和 25 个,β 折叠 25 个和 44 个,虽然数目差别较大,但主要是在一些小区域上,区域较大的 α 螺旋和 β 折叠的位置和数目却非常相似。从整体上看,这些 α 螺旋和 β 折叠主要集中在 3 个区域,推测这些与脂肪酸脱氢酶的跨膜特征有很大的关系。

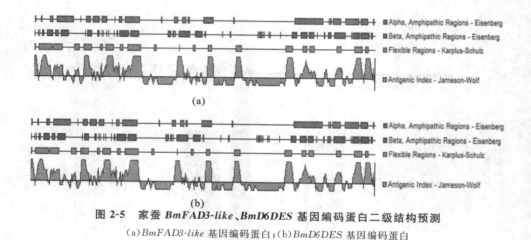

图 2-5　家蚕 ***BmFAD3-like***、***BmD6DES*** 基因编码蛋白二级结构预测

(a)*BmFAD3-like* 基因编码蛋白;(b)*BmD6DES* 基因编码蛋白

2.4.4.6　家蚕 *BmFAD3-like*、*BmD6DES* 基因编码蛋白结构域的预测与分析

结构域是蛋白质亚基结构中明显分开的紧密球状结构区域,是介于二级和三级结构的另一种结构层次。通过搜索美国国家生物信息中心保守结构域数据库(NCBI Conserved Domain Search)对 *BmFAD3-like*、*BmD6DES* 基因的氨基酸序列分析,发现这两种基因中均含有 DeLta12-FADS-Like 保守结构域(图 2-6)。

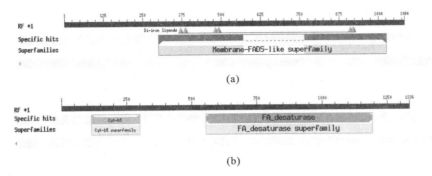

图 2-6　家蚕 *BmFAD3-like*、*BmD6DES* 基因编码蛋白结构域的预测与分析

(a)*BmFAD3-like* 基因编码蛋白;(b)*BmD6DES* 基因编码蛋白

2.4.5　家蚕 *BmFAD3-like* 和 *BmD6DES* 基因的同源序列比对和进化分析

通过对 *BmFAD3-like*、*BmD6DES* 基因编码的氨基酸序列和其他几种已知功能的 ω^3-/Δ^6-脂肪酸脱氢酶基因和已知的昆虫的 Δ^9-/Δ^{11}-/Δ^{12}-脂肪酸脱氢酶所编码的氨基酸序列进行多序列对比后发现,*BmFAD3-like* 基因编码的氨基酸序列除了与几种亲缘关系较近的昆虫的氨基酸序列相似度达到 30% 以外,和其他物种的 ω^3-脂肪酸脱氢酶氨基酸序列相似度不到 20%。虽然 ω^3-脂肪酸脱氢酶基因的氨基酸序列相似性并不是很高,但是它们的序列中间都存在 3 个保守的组氨酸基序。*BmD6DES* 基因编码的氨基酸序列和已知其他物种的 Δ^6-脂肪酸脱氢酶的最大相似度在 20%～30%,但是和其他 Δ^6-脂肪酸脱氢酶一样的是在序列的 N 端存在 HPGG 序列,即 Cytb5 结构域,在序列中间存在 3 个组氨酸保守基序,这些特征都符合 Δ^6-脂肪酸脱氢酶在不同物种间的保守性。

家蚕类 ω^3-脂肪酸脱氢酶进化树构建和不同生物 Δ^6-脂肪酸脱氢酶进化树构建如图 2-7 和图 2-8 所示。

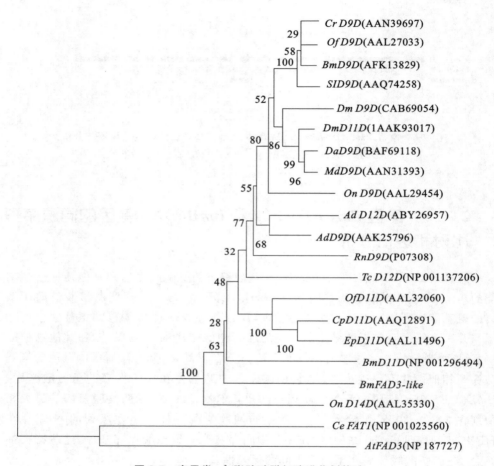

图 2-7　家蚕类 ω³-脂肪酸脱氢酶进化树构建

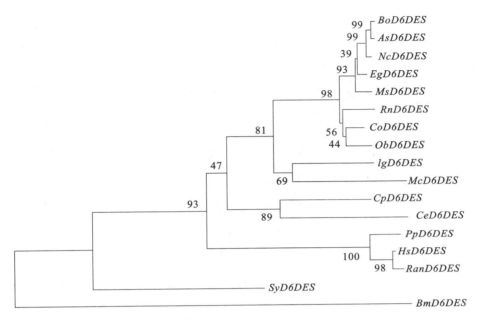

图 2-8 不同生物 Δ^6-脂肪酸脱氢酶进化树构建

通过搜寻家蚕、家蟋蟀、赤拟谷盗、秀丽线虫等物种的基因组和已发表的其他物种 ω^3-/Δ^6-脂肪酸脱氢酶基因,发现不同昆虫基因组中脂肪酸脱氢酶家族基因拷贝数比较多,通过对数据库中已有物种的脂肪酸脱氢酶基因进行系统分析后发现,昆虫的脂肪酸脱氢酶家族基因呈现非特异性的扩增,可分为不同的亚家族,同一物种的不同脂肪酸脱氢酶基因、不同物种相同脂肪酸脱氢酶基因之间的相似度都较小,推测昆虫的脂肪酸脱氢酶基因受自然选择的影响较大,存在独立进化的可能(图 2-9、图 2-10)。

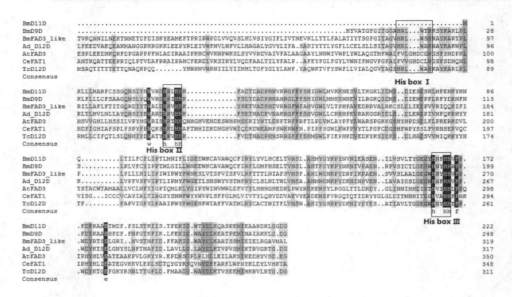

图 2-9　家蚕类 ω³-脂肪酸脱氢酶氨基酸和其他生物脂肪酸脱氢酶氨基酸的多重序列比对

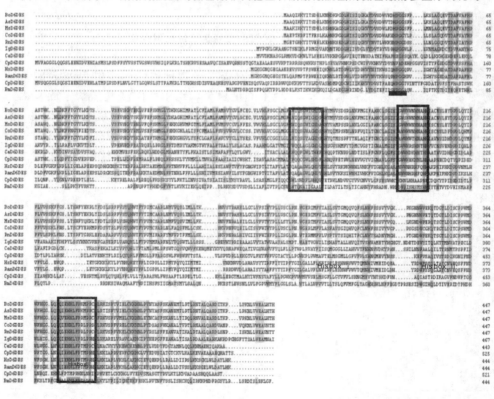

图 2-10　家蚕类 Δ⁶-脂肪酸脱氢酶氨基酸和其他生物的 Δ⁶-脂肪酸脱氢酶氨基酸的多重序列比对

家蚕类 ω^3-脂肪酸脱氢酶系统进化树构建利用软件 Clustal W 1.8 和 MEGA 6.0 完成。所用序列如下：AdD12D, *Acheta domesticus* EU159448；AdD9D, *Acheta domesticus* AF338465；TcD12D, *Tribolium castaneum* NP001137206；RnD9, *Rattus norvegicus* P07308；AcD12-15, *Acanthamoeba castellanii* EF017656；BmD11D, *Bombyx mori* NP001296494；BmD9D, *Bombyx mori* AFK13829；MdD9D, *Musca domestica* AAN31393CrD9D, *Choristoneura rosaceana* AAN39697；CpD11, *Choristoneura parallela* AAQ12891；DaD9, *Delia antiqua* BAF69118；DmD9D, *Drosophila melanogaster* CAB69054；DmD11D, *D. melanogaster* AAK93017；EpD11, *E. postvittana* AAL11496；MdD9D, *Musca domestica* AF417841；OfD11D, *Ostrinia furnacalis* AAL32060；OfD9D, *O. furnacalis* AAL27033；OnD9D, *Ostrinia nubilalis* AAL29454；OnD14D, *O. nubilalis* AAL35330；SlD9D, *Spodoptera littoralis* AAQ74258；CeFAT1, *Caenorhabditis elegans* NP001023560；AtFAD3, *Arabidopsis thaliana* NP187727。

家蚕 Δ^6-脂肪酸脱氢酶系统进化树构建利用软件 Clustal W 1.8 和 MEGA 6.0 完成。所用序列如下：U79010（BoD6DES, *Borago officinalis* Δ^6-Desaturase），AY131238（AsD6DESD, *Argania spinose* Δ^6-Desaturase），Q367892（NcD6DES, *Nonea caspica* Δ^6-Desaturase），AY 055117（EgD6DES, *Echium gentianoides* Δ^6-Desaturase），GQ871940（MsD6DES, *Microula sikkimensis* Δ^6-Desaturase），AY234125（PfD6DES, *Primula farinose* Δ^6-Desaturase），Gu594060（CoD6DES, *Camellia oleifera* Δ^6-Desaturase），Gu198927（RnD6DES *Ribes nigrum* Δ^6-Desaturase），Eu416278（ObD6DES, *Oenothera biennis* Δ^6-Desaturase），Aev77089（IgD6DES, *Isochrysis galbana* Δ^6-Desaturase），AB090360（McD6DES, *Mucor circinelloides* Δ^6-Desaturase），AF031477（CeD6DES, *Caenorhabditis elegans* Δ^6-Desaturase），AJ250735（CpD6DES, *Ceratodon purpureus* Δ^6-Desaturase），AJ222980（PpD6DES, *Physcomitrella patens* Δ^6-Desaturase），AAL73948（UiD6DES, *Umbelopsis isabellina* Δ^6-Desaturase），AF301910（OmD6DES, *Oncorhynchus mykiss* Δ^6-Desaturase），AB021980（RanD6DES, *Rattus norvegicus* Δ^6-Desaturase），AF126799（HsD6DES, *Homo sapiens* Δ^6-Desaturase）。

家蚕 ω^3-脂肪酸脱氢酶和其他生物 ω^3-脂肪酸脱氢酶多重序列比对用 DNA-MAN 6.0 完成，所用序列如下：BmD11D, *Bombyx mori* NP001296494；BmD9D, *Bombyx mori* AFK13829；AdD12D, *Acheta domesticus* EU159448；CeFAT1 *Caenorhabditis elegans* NP001023560；AtFAD3, *Arabidopsis thaliana* NP 187727；TcD12D, *Tribolium castaneum* NP001137206；BmFAD3-like, *Bombyx mori* ω^3-fatty acid desaturase like。

家蚕 Δ⁶-脂肪酸脱氢酶和其他生物 Δ⁶-脂肪酸脱氢酶多重序列的比对用 DNA-MAN 6.0 完成。所用序列如下：U79010（BoD6DES，*Borago officinalis* Δ⁶-Desaturase），AY131238（AsD6DESD，*Argania spinose* Δ⁶-Desaturase），GQ871940（MsD6DES，*Microula sikkimensis* Δ⁶-Desaturase），AY234125（PfD6DES，*Primula farinose* Δ⁶-Desaturase），Gu594060（CoD6DES，*Camellia oleifera* Δ⁶-Desaturase），Gu198927（RnD6DES，*Ribes nigrum* Δ⁶-Desaturase），Aev77089（IgD6DES，*Isochrysis galbana* Δ⁶-Desaturase），AF031477（CeD6DES，*Caenorhabditis elegans* Δ⁶-Desaturase），AJ250735（CpD6DES，*Ceratodon purpureus* Δ⁶-Desaturase），AJ222980（PpD6DES，*Physcomitrella patens* Δ⁶-Desaturase），AJ250735（CpD6DES，*Ceratodon purpureus* Δ⁶-Desaturase），AF301910（OmD6DES，*Oncorhynchus mykiss* Δ⁶-Desaturase），AB021980（RanD6DES，*Rattus norvegicus* Δ⁶-Desaturase），AF126799（HsD6DES，*Homo sapiens* Δ⁶-Desaturase）。

2.4.6　家蚕 *BmFAD3-like* 和 *BmD6DES* 基因表达谱分析

2.4.6.1　*BmFAD3-like* 基因在不同发育时期表达谱

以不同发育时期的家蚕蚕体总 RNA 为模板，反转录合成 cDNA，进行半定量 RT-PCR 检测（图 2-11）。结果显示，家蚕 *BmFAD3-like* 基因在不同发育时期均有表达，在 5 龄幼虫期（5 龄 1 d、5 龄 2 d 除外）、蛹期和蛾期表达最为显著，在卵期表达量极少，几乎检测不到表达信号。

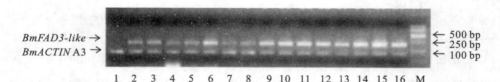

图 2-11　家蚕 *BmFAD3-like* 基因在不同发育时期的表达谱分析

1—卵；2—蚁蚕；3—1 龄起蚕；4—2 龄起蚕；5—3 龄起蚕；6—4 龄起蚕；

7—5 龄 1 d；8—5 龄 2 d；9—5 龄 3 d；10—5 龄 5 d；11—5 龄 6 d；12—蛹 1 d；

13—蛹 3 d；14—蛹 7d；15—蛾 1d；16—蛾 7d；M—DL 2 000 marker

2.4.6.2　*BmD6DES* 基因在不同发育时期表达谱

以不同发育时期的家蚕蚕体总 RNA 为模板,反转录合成 cDNA,进行半定量 RT-PCR 检测(图 2-12)。结果显示,家蚕 *BmD6DES* 基因在不同发育时期均有表达,在 5 龄幼虫期、蛹期和蛾期表达最为显著,在卵期、蚁蚕期表达量极少,几乎检测不到表达信号。

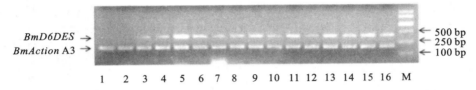

图 2-12　家蚕 *BmD6DES* 基因在不同发育时期的表达谱分析

1—卵;2—蚁蚕;3—1 龄起蚕;4—2 龄起蚕;5—3 龄起蚕;6—4 龄起蚕;
7—5 龄 1 d;8—5 龄 2 d;9—5 龄 3 d;10—5 龄 5 d;11—5 龄 6 d;12—蛹 1 d;
13—蛹 3 d;14—蛹 7d;15—蛾 1d;16—蛾 7d;M—DL 2 000 marker

2.4.6.3　*BmFAD3-like* 和 *BmD6DES* 基因在 5 龄 3 d 幼虫不同组织部位的表达谱

提取家蚕 5 龄 3 d 幼虫的血淋巴、丝腺、中肠、头、脂肪体、表皮、马氏管、精巢和卵巢等组织器官总 RNA 反转录合成 cDNA,进行半定量 RT-PCR 检测(图 2-13)。结果表明,家蚕 *BmFAD3-like*、*BmD6DES* 主要在 5 龄 3 d 幼虫的脂肪体和生殖器官中显著表达,在其他组织中表达量均不及在 5 龄 3 d 幼虫脂肪体和生殖器官中的表达量,推测其表达量不同和其自身功能有很大的关系。

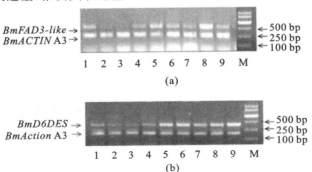

(a)

(b)

图 2-13　家蚕 *BmFAD3-like* 和 *BmD6DES* 基因在 5 龄 3 d 幼虫不同组织部位的表达谱分析

(a)家蚕 *BmFAD3-like* 基因在 5 龄 3 d 幼虫不同组织部位的表达谱;
(b)家蚕 *BmD6DES* 基因在 5 龄 3 d 幼虫不同组织部位的表达谱

1—血淋巴;2—丝腺;3—中肠;4—头;5—脂肪体;6—表皮;7—马氏管;8—精囊;
9—卵巢;M—DL 2 000 marker

2.5 讨 论

     家蚕是一种有着悠久饲养历史的经济型昆虫,也是一种重要的试验材料和模式生物,基于大量功能基因挖掘分析和基础研究结果的推广应用,家蚕已经发展成为鳞翅目研究的模式生物[164]。2004 年,我国西南农业大学(现西南大学)科学家率先绘制完成家蚕基因组框架图,相关研究成果发表于 *Science*,随后他们建立了世界上最大的家蚕表达序列标签数据库,数据库的建立助推家蚕基础理论的研究和蚕桑产业的转型发展,蚕业科学家们先后挖掘出了与家蚕性别决定、发育和变态、激素调节以及抗性等密切相关的关键功能基因群,而且在家蚕基因组结构特征、基因的组织、进化和比较基因组学方面也形成了有重要价值的理论成果,在国内外产生了广泛的影响[165]。

     家蚕基因组框架图的绘制完成,不但揭示了大量重要的家蚕基因组信息,而且使我国在家蚕功能基因组研究方面处于世界领先地位。家蚕一生要经历卵、幼虫、蛹和成虫 4 个不同的发育阶段,在幼虫阶段还要经过 2～5 次蜕皮才能正常发育。在家蚕发育过程中,脂肪酸不仅是能量储存物质,更是性信息素合成的底物和机体免疫成分[166]。蚕蛹是蚕桑产业主要的副产物,用于药品和食品有悠久的历史。干蚕蛹中蛋白质和脂肪分别占其总重的 32.2% 和 55.6%。GC 和 GC/MS 检测分析,家蚕蛹油脂肪酸主要由 28.8% 的饱和脂肪酸、27.7% 的单不饱和脂肪酸和43.5% 的多不饱和脂肪酸组成。不饱和脂肪酸中含量最多的 α-亚麻酸(ALA,18：3),占总脂肪酸含量的 36.3%。蚕蛹中的饱和脂肪酸主要由 21.77% 的棕榈酸、7.02% 的硬脂酸和其他一些微量脂肪酸组成。家蚕发育过程中,虫体内脂肪酸的含量是动态变化的,特别是不同时期家蚕体内的不饱和脂肪酸成分更是有明显的不同,在蛹期家蚕体内的 α-亚麻酸(ALA)含量达到最大值,这就意味着在家蚕体内有一套完整且精确的脂肪酸合成酶系和调节机制。

     本章研究内容为家蚕 *BmFAD3-like* 和 *BmD6DES* 基因的 cDNA 全长克隆、序列分析和表达模式。*BmFAD3-like* 基因的序列分析显示,该基因全长由 5 个外显子和 5 个内含子构成,编码 360 个氨基酸,没有信号肽,具有四跨膜结构,蛋白质二级结构主要由 α 螺旋、β 折叠和无规卷曲组成。编码氨基酸序列中间存在 3 个保守组氨酸框基序。预测蛋白分子量为 41.5 kDa,等电点为 7.1。该基因定位于家蚕 12 号染色体的 nscaf2 998 上。*BmD6DES* 基因的序列分析显示,该基因全长由5 个外显子和 4 个内含子构成,编码 444 个氨基酸,没有信号肽,具有 5 跨膜结构,蛋白质二级结构主要由 α 螺旋、β 折叠和无规卷曲组成。编码氨基酸序列 N 端具有 Cytb5 结合结构域,氨基酸序列中间存在 3 个保守组氨酸框基序。预测蛋白分子量为 51.7 kDa,等电点为 8.05。该基因定位于家蚕 9 号染色体的 nscaf3 045 上。

为研究该基因的时空表达特性,采用半 RT-PCR 技术分析了家蚕 $BmFAD3-like$ 和 $BmD6DES$ 基因在不同发育时期,以及家蚕 5 龄 3 d 幼虫的血淋巴、丝腺、中肠、头部、脂肪体、表皮、马氏管、精囊和卵巢等不同组织器官中的表达模式。结果表明,在时期表达水平上,基因在家蚕 5 龄幼虫期、蛹期和蛾期表达量较高,在卵期的表达量非常少;在组织表达水平上,基因在脂肪体和生殖器官中的表达量较高,其他组织表达量相对较少。

通过对 $BmFAD3-like$ 和 $BmD6DES$ 基因编码的氨基酸序列和其他几种已知功能的 ω^3-/Δ^6-脂肪酸脱氢酶基因和已知的昆虫的 $\Delta^9-/\Delta^{11}-/\Delta^{12}$-脂肪酸脱氢酶所编码的氨基酸序列进行多序列对比后发现,$BmFAD3-like$ 基因编码的氨基酸序列除了和几种亲缘关系较近的昆虫的氨基酸序列相似度达到 30% 以外,和其他物种的 ω^3-脂肪酸脱氢酶氨基酸序列相似度不到 20%。尽管 ω^3-脂肪酸脱氢酶基因的氨基酸序列相似性并不是很高,但是它们的序列中间都存在 3 个保守的组氨酸基序,而 $BmD6DES$ 基因编码的氨基酸序列和已知其他物种的 Δ^6-脂肪酸脱氢酶的最大相似度在 20%~30%,但是和其他 Δ^6-脂肪酸脱氢酶一样的是在序列的 N 端存在 HPGG 序列,即 Cytb5 结构域,在序列中间存在 3 个组氨酸保守基序,这些特征都符合 Δ^6-脂肪酸脱氢酶在不同物种间的保守性。

通过对这些物种脂肪酸脱氢酶基因的系统进化进行分析,发现昆虫的脂肪酸脱氢酶家族基因呈现非特异性的扩增,可分为不同的亚家族,同一物种的不同脂肪酸脱氢酶基因、不同物种相同脂肪酸脱氢酶基因之间的相似度都较小,推测昆虫的脂肪酸脱氢酶基因受自然选择的影响较大,存在独立进化的可能。

3 家蚕 *BmFAD3-like* 和 *BmD6DES* 基因的原核表达

3.1 引　　言

　　利用分子生物学手段克隆得到的蛋白质编码基因,特别是编码酶蛋白的基因,如果要对它进行功能研究,首先要获得由其翻译产生的大量的蛋白质,然后才能对其进行功能研究、晶体结构分析、酶学性质试验等。由于生物体内单个蛋白质含量非常少,纯化困难,可以把编码相关蛋白质的基因通过分子生物学手段构建到合适的蛋白质表达载体上,然后在原核生物(主要指大肠杆菌或经过改造的大肠杆菌)中进行大规模蛋白表达。获得目的基因编码蛋白质的过程称为原核表达。由于大肠杆菌表达系统具有安全性高、遗传背景清楚、生理特性清晰、生长迅速、操作方便、成本低、表达效率高、操作简便等众多优点,因而受到众多分子生物学家的青睐,在生物化学以及分子生物学的基础研究中,大肠杆菌表达系统应用非常广泛。分子生物学家通常把原核表达获得大量外源蛋白质作为研究基因功能的第一步,也是研究蛋白质编码基因功能的首要步骤[167]。Western blotting(蛋白质印迹技术)是目前进行蛋白质表达、分析研究应用最多的一种技术,它将蛋白质电泳、印迹、免疫检测融合在一起,蛋白样品经 SDS-PAGE 电泳分离后转移到纤维素支持膜上,把膜上的空白区域用非反应性分子物质封闭后,再进行免疫学检测,是目前应用最广泛的免疫化学方法之一。

　　为了进一步研究家蚕 *BmFAD3-like* 和 *BmD6DES* 基因的功能,本章将两个基因构建到原核表达载体 pET28a(＋)中,得到重组质粒 pEBmFAD3-like 和 pEBmD6DES 后转化到大肠杆菌 *BL21*(DE3)中进行原核表达,通过优化诱导表达条件最终获得了一定量的可溶性蛋白。通过 His 亲和层析和聚丙烯酰胺凝胶回收的方法得到了较纯的 BmFAD3-like 和 BmD6DES 蛋白,并以此纯化蛋白制备了多克隆抗体,紧接着对两个基因在家蚕中的蛋白表达状况进行了 Western blotting 检测。

3.2 材料与设备

3.2.1 载体及试剂

原核表达载体 pET28a(+)由中国农业科学院蚕业研究所生物(蚕桑)资源功能实验室保存。pMD-18 T 载体购自宝生物工程(大连)有限公司。

卡那(Kana)、异丙基-β-D-硫代半乳糖苷(IPTG)、放射免疫沉淀法裂解缓冲液(RIPA)、苯甲基磺酰氟(PMSF)、2,2-联喹啉-4,4-二甲酸二钠(BCA)蛋白高分子量预染蛋白分子量标准品、蛋白质定量试剂盒、1.5 mol/L Tris-HCl(pH =8.8)、1.0 mol/L Tris-HCl(pH =6.8)、30% 丙烯酰胺(acrylamide)、磷酸缓冲盐溶液(PBS)、十二烷基硫酸钠、三羟甲基氨酸甲烷、丽春红、甘氨酸、考马斯亮蓝 R-250均购自生工生物工程(上海)股份有限公司,转印膜、ECL 化学发光试剂盒、胶片、柯达通用显影粉、通用定影粉购自北京鼎国昌盛生物技术有限责任公司,His 蛋白纯化试剂盒购自通用电气医疗(中国)有限公司,脱脂奶粉购自新西兰安佳(An-chor)公司,甲醇、冰醋酸等购自国药集团。

3.2.2 仪器和设备

主要仪器和设备见表 3-1。

表 3-1 主要仪器和设备 2

仪器和设备名称	型号	生产厂家
电热鼓风干燥箱	DHG-9143BS	上海新苗医疗器械制造有限公司
电子天平	BSA124S	赛多利斯(中国)有限公司
恒温水浴锅	DK-80	上海精宏实验设备有限公司

续表

仪器和设备名称	型号	生产厂家
数显超低温冰箱	WUF-400	韩国 DAIHAN 电器有限公司
高速冷冻离心机	H-2050R	湖南长沙湘仪离心机仪器有限公司
PCR 仪	MG96G	杭州朗基科学仪器有限公司
凝胶电泳图像分析系统	JD-801M	江苏省捷达科技发展有限公司
灭菌锅	Sx-500	日本 Tomy 公司
制冰机	KM-75A	日本 HOSHIZAKI 公司
培养箱	DNP-9052	上海精宏实验设备有限公司
恒温振荡器	SHZ-2	上海跃进医疗器械有限公司
净化工作台	SW-CJ-1FD	上海新苗医疗器械制造有限公司
酶标仪	MK-3	美国热电公司
电泳仪	DG-300C	北京鼎国昌盛生物技术有限责任公司
迷你双垂直电泳槽	JYSCZ-2+	北京市君意仪器厂
超声波细胞粉碎机	JY92-II	宁波新芝生物科技有限公司
紫外可见分光光度计	Nano Drop 1000	美国赛默飞世尔科技公司
高速离心机	5424	德国艾本德公司
迷你转印电泳槽	DYCZ-40D	北京市六一仪器厂

3.2.3　试剂配制方法

（1）5×上样缓冲液：取 1 mol/L Tris-HCl(pH＝6.8)2.5 mL，甘油 5 mL，DTT 0.77 g，溴酚蓝 0.83 g，加水至 10 mL 溶解。

（2）10×TBS 缓冲液：取 Tris 3 g，甘氨酸 14.4 g，SDS 1 g，调节为 pH＝8.3，定容到 1 L。

（3）转移缓冲液：取甘氨酸 2.9 g，SDS 0.37 g，Tris 5.8 g，甲醇 200 mL，加 ddH_2O 溶解并定容至 1 L。

（4）TBS 溶液：取 Tris 3 g、NaCl 8 g、KCl 0.2 g 溶解于 800 mL 的 ddH_2O，用浓盐酸调 pH 为 7.4，加水定容至 1 000 mL。121 ℃高压灭菌 20 min，4 ℃保存备用。

（5）12.5％的分离胶：30％ 丙烯酰胺/甲叉双丙烯酰胺 8.32 mL，1.5 mol/L Tris-HCl(pH＝8.8)4.8 mL，ddH_2O 6.48 mL，10％ SDS 200 μL，13％ 过硫酸铵 160 μL，TEMED 12 μL[167]。

（6）5％ SDS-PAGE 浓缩胶：30％ 丙烯酰胺/甲叉双丙烯酰胺 1 mL，1 mol/L Tris-HCl(pH＝6.8)0.75 mL，ddH_2O 6.48 mL，10％ SDS 60 μL，13％ 过硫酸铵 60 μL，TEMED 6 μL。

（7）考马斯亮蓝染色液：称取考马斯亮蓝 R-250 1 g，异丙醇 250 mL，冰醋酸 100 mL，加 ddH_2O 至 1 000 mL。搅拌均匀，用滤纸去除颗粒物质后在室温保存。

（8）考马斯亮蓝脱色液：冰醋酸 75 mL，甲醇 50 mL，加 ddH_2O 至 1 000 mL。

（9）封闭液（含 5％ 脱脂奶粉的 TBST 缓冲液）：称取脱脂奶粉 5 g、TBST 缓冲液 100 mL 充分溶解后 4 ℃保存，最好是现用现配。

（10）丽春红 S 染色液：0.5 g 丽春红粉末，25 mL 的冰醋酸，加双蒸水至 100 mL，混匀。

（11）封闭液（5％脱脂奶粉）：在 100 mL TBST 中加入 5 g 脱脂奶粉，混匀，4 ℃保存。

（12）TBST 缓冲液：25 mmol/L Tris，0.15 mol/L NaCl，0.1％ Tween-20，pH＝7.2～7.5。

（13）0.25 mol/L KCl 染色液：取 KCl 18.65 g，加 ddH_2O 至 1 000 mL[168]。

3.3 试 验 方 法

3.3.1 家蚕 *BmFAD3-like* 和 *BmD6DES* 基因重组表达质粒的构建

（1）引物设计。

家蚕 *BmFAD3-like* 和 *BmD6DES* 基因氨基酸序列经 SignaLP 3.0 在线预测信号肽，两条基因编码的氨基酸残基序列均不含信号肽，随后用 DNASTAR7.0 分析酶切位点后，用 Premier 5.0 软件设计引物如下。

① *BmFAD3-like* 基因。

Forward：5′-GGCGAATTCATGGCTCCGGCGCAACAGAACG-3′

Reverse：5′-GCGCTCGAGCTAAAGTGCCATCACCGCTCCT-3′

② *BmD6DES* 基因。

Forward：5′-GGCGAATTCATGGCACTAAATACGGAC-3′

Reverse：5′-GCGCTCGAGTTAGAAGCCTAATTT-3′

加下画线核苷酸序列为限制性内切酶 *Eco*R Ⅰ 和 *Xho* Ⅰ 酶切位点，引物合成和测序由生工生物工程（上海）股份有限公司完成。

（2）质粒的提取。

将含 pET28a（＋）质粒载体 TOP10 菌株接种于含有 30 μg/mL 的 Kana 液体 LB 培养基，37 ℃恒温摇床振荡培养 24～36 h；将含有重组质粒 pMDBmFAD3-like 和 pMDBmD6DES 的菌株分别接种于含有 100 μg/mL 的 Amp 液体培养基中，37 ℃恒温摇床振荡培养 24～36 h。

（3）重组质粒 pMDBmFAD3、pMDBmD6DES 和表达载体 pET28a（＋）双酶切。

①提取得到重组质粒和表达载体进行双酶切反应，反应体系（20 μL）如表 3-2 所示。

表 3-2   **重组质粒 pMDBmFAD3 和 pMDBmD6DES 和表达载体**
pET28a(＋)双酶切体系表

组分	体积
10 倍双酶切缓冲溶液	2 μL
牛血清白蛋白溶液	1 μL
EcoR Ⅰ	1 μL
Xho Ⅰ	1 μL
质粒 DNA 或载体 pET28a(＋)	10 μL
无菌双蒸水	5 μL
总计	20 μL

②轻轻混匀后在 37 ℃下继续温育 6 h,终止双酶切反应用 2.5 μL 试剂盒里提供的上样缓冲溶液。

（4）载体和目的片段的回收。

将质粒 pMDBmFAD3、pMDBmD6DES 和表达载体分别双酶切后的产物,进行 1% 琼脂糖凝胶电泳,回收目的基因和线性化的载体片段,胶块回收的方法同第 2 章。将回收产物在 −20 ℃下保存。

（5）目的片段与载体的连接。

将回收的表达载体 pET28a(＋)分别与 *BmFAD3-like* 和 *BmD6DES* 基因双酶切后的片段用 T4 连接酶进行连接。反应体系如表 3-3 所示。

表 3-3   **目的片段和表达载体 pET28a(＋)的连接体系表**

成分	体积
目的基因片段	10 μL
质粒 pET28a(＋)	3 μL
10 倍双酶切缓冲溶液	2.5 μL
T4 DNA 连接酶	1 μL
双蒸水	8.5 μL
总计	25 μL

总反应体系为 25 μL,反应液充分混合均匀后,短暂离心,然后用 PCR 管置于 16 ℃恒温金属浴中连接 8～10 h。

(6)转化。

分别将 25 μL 的连接产物全部转化至 100 μL 大肠杆菌 BL21(DE3)感受态细胞中,将转化产物涂布在含有 Kana 的平板上,37 ℃过夜培养。

(7)重组质粒的鉴定。

挑取阳性单克隆,液体培养后分别进行菌液 PCR 鉴定、质粒提取后双酶切后鉴定和筛选,前两种方法验证出的阳性克隆送至生工生物工程(上海)股份有限公司测序再验证。

3.3.2　转化细胞的诱导表达

挑取含重组质粒的单克隆菌落在 500 μL LB 培养基(含 Kana 50 μg/mL)中于 37 ℃下过夜培养,然后按照 1% 接种量接种液体 LB 培养基(含 Kana 50 μg/mL)进行扩大培养。将活化的过夜培养物加入 10 mL LB 液体培养基中,37 ℃ 恒温摇床以 200 r/min 振荡扩大培养 3 h,在此期间取样监测菌液的 OD_{600nm} 值,当 OD_{600nm} 值达到 0.4 后,重组工程菌株的培养始终处于最适合表达外源蛋白的生长状态。

将 10 mL 液体培养物分成两份做诱导表达试验:空白对照 3 mL 菌液不加诱导剂 IPTG,诱导表达试验 7 mL 菌液加入诱导剂 IPTG,并使诱导剂 IPTG 在培养液中的浓度达到 0.5 mol/L,诱导表达 4 h,37 ℃恒温摇床振荡以 200 r/min 转速培养 3 h 后,用低速大容量离心机以 4 000 r/min 的转速离心 10 min 收集菌体,倾去上层清液,每个离心管收集 3 mL 培养物,加入 1 mL ddH₂O,将管底沉淀用移液器反复吹吸混匀以充分洗涤,以 8 000 r/min 的转速离心 2 min,倾倒上层清液,重复上述步骤,最后将离心管中的水倒干净。

3.3.3　电泳

3.3.3.1　制作聚丙烯酰胺凝胶

(1)选取合适的垂直电泳玻璃板,用自来水洗涤干净后,用蒸馏水冲洗 2～3 遍,置于 80 ℃烘箱中烘干 2 h。按照电泳槽随配的操作说明把玻璃板固定到制胶架上。

(2)根据家蚕 BmFAD3-like 和 BmD6DES 基因编码蛋白大小,加上原核表达载体所带的标签,预计本次所要电泳的蛋白质分子量大小为 44.3 kDa 和 54.8 kDa,因此本次试验选用的分离胶浓度为 12.5%,将配制分离胶所用试剂依次加入 50 mL 离心管,最后加过硫酸铵和 TEMED,小心混匀并尽量避免产生气泡。

(3)将分离胶溶液缓慢加入两块玻璃板的缝隙内,分离胶在玻璃板内的高度离梳子约 1 cm,整个制胶过程要缓慢,确保胶内不产生气泡,并且防止跑胶和漏胶。在分离胶的上层加约高 1 cm 的蒸馏水,蒸馏水可以使分离胶丙烯酰胺更好地聚合和形成平面。静置 1 h 后水和胶的界限明显后,倾去蒸馏水,用滤纸吸干。

(4)按 5% 的浓度配制浓缩胶,同样在配制过程尽量避免产生气泡。

(5)将混匀的浓缩胶溶液缓慢地加入两块玻璃板的缝隙中,慢慢将梳子插入玻璃板中,避免产生气泡。室温静置 1 h 后,聚丙烯酰胺凝胶充分聚合,供电泳实验使用。

3.3.3.2 重组 *BmFAD3-like* 和 *BmD6DES* 基因编码蛋白样品制备及上样检测

(1)将培养好的大肠杆菌 *BL21* 菌液 1 mL,在 10 000 r/min(4 ℃)的转速下离心后倾尽上层清液,用 100 μL TE 缓冲液重悬混匀,然后加入 40 μL 的 5 倍双酶切缓冲液;充分振荡混匀后,沸水浴加热煮沸 10 min。

(2)将聚合好的胶随同胶架一起放入电泳槽内,用 1× 电泳缓冲液充满内槽后拔掉梳子。用微量进样针加样,每个梳孔加样 20 μL,在剩余的梳孔内加入同样体积的 2 倍双酶切缓冲液。记录好加样的顺序,并立即开始电泳,另外制作同样的凝胶板,加相同的样品及蛋白 Marker。

(3)将电泳槽和电泳仪用导线连接好,注意正负极不能接反,先用 80 V 恒压预电泳 10 min 左右,待溴酚蓝指示线进入分离胶,随后将电泳电压调至 120 V,随后电泳直至溴酚蓝指示线接近跑出分离胶底部(溴酚蓝指示线不跑出凝胶为好)时停止电泳。

3.3.3.3 蛋白染色及检测

(1)将玻璃板及凝胶从胶架上移入盛有考马斯亮蓝 R-250 染色液的大培养皿内,切下胶的一角做顺序标记,尽量不要将聚丙烯酰胺凝胶剖坏。

(2)将大培养皿放置到脱色摇床上染色 1 h 后,将考马斯亮蓝 R-250 染色液回收利用。

(3)用双蒸水洗涤凝胶上剩余的染色液 3～5 遍,充分洗涤干净后,将凝胶放置到大培养皿内并加入没过胶面的双蒸水,凝胶和双蒸水一起煮沸 3～5 次,直到出现明显的蓝色蛋白条带。

3.3.3.4 转膜

(1)将胶架上同时电泳的另外一块凝胶取下并做好顺序标记。将取下的凝胶用蒸馏水彻底漂洗干净,除尽凝胶上附带的 SDS。准备一张和凝胶大小基本一致的 PVDF 膜,正反 2 块海绵,正反各 4 张滤纸(事先润湿备用)。将 PVDF 膜先用甲醇浸润 5 min,后用蒸馏水漂洗。随后将试验用到的 PVDF 膜、凝胶、海绵和滤纸都放在白瓷盘中,用转移缓冲液充分平衡。

(2)准备好转移夹,从负极依次平放海绵 1 张、滤纸 4 张、凝胶、PVDF 膜 1 张、滤纸 4 张、海绵 1 张,固定好转移夹,制成转膜用的"三明治"。

(3)转移夹的正极板(白色)对着电泳槽红色面,放入电泳槽中,通电转移。恒压 80 V 转移 3 h,在转膜过程应该将电泳槽置于冰水浴中或者 4 ℃冰箱中,避免因温度过高导致转膜失败。

3.3.4 蛋白质印迹技术检测

3.3.4.1 封闭

电转移结束后,缓慢细心地将凝胶和膜分离开,用剪刀在 PVDF 膜上减去一角做顺序标记。预染 Marker 的条带可以直接在膜上清晰地观察到,为确定转移效果,可将 PVDF 膜用考马斯亮蓝 R-250 染色。随后将膜用 TBST 缓冲液洗涤,放到丽春红 S 染色液中室温静置 30 min,用蒸馏水冲洗膜至膜上显示清晰的蛋白电泳条带,将膜放入盛有封闭液的大培养皿中,在室温下摇床振荡封闭 1 h。

3.3.4.2 孵育一抗

按抗体孵育的操作说明,一抗用 5% 的脱脂奶粉稀释 1 000 倍,用一抗稀释液4 mL 孵育。然后将封闭后的 PVDF 膜转移至杂交袋内,加入配好的一抗稀释溶液,排尽气泡,封口后在室温下轻微振荡孵育 1~3 h;孵育后将膜取出,在脱色摇床上用 TBST 缓冲液洗膜至少 3 次,每次 5 min,彻底清洗干净残留的一抗稀释液。

3.3.4.3 孵育二抗

按二抗说明书的操作流程用 5% 的脱脂奶粉稀释二抗至 20 000 倍,然后把PVDF 膜缓慢装入杂交袋内,在杂交袋内加入 4 mL 配好的二抗溶液,避免气泡产生,封好杂交袋口,室温摇床孵育 2 h。在脱色摇床上用 TBST 缓冲液洗膜至少 3次,每次 5 min,彻底清洗干净残留的二抗稀释液。

3.3.4.4 曝光和鉴定

（1）提前将曝光用到的显影液、定影液和自来水分别按顺序放置在不同的容器中备用。

（2）在干净的离心管中先后加入发光液 A、B 各 200 μL，充分混合均匀。先在暗盒中放一层塑料膜，把用 TBST 缓冲液洗干净的二抗孵育后 PVDF 膜正放置到塑料膜上，倾除残留的溶液，随后把发光液加到 PVDF 膜上，另取塑料膜，盖好 PVDF 膜，排尽气泡。

（3）将 X 光胶片剪至合适尺寸，移走暗盒的盖子，把 X 光胶片正放于 PVDF 膜上方，关上暗盒，计时，观察荧光信号并及时调整曝光时间，根据实际需要调整曝光的次数，取出 X 光胶片，迅速把它浸入显影液中晃动显影，在红色光源下观察到清晰条带后，立即将胶片转移到定影液中，用双蒸水将定影液清洗干净后，晾干，并将胶片置于阴凉干燥处存放。

3.4　结果与分析

3.4.1　基因重组质粒的构建

将双酶切获得的家蚕 *BmFAD3-like* 和 *BmD6DES* 基因的目的片段，利用相同的酶切载体 pET28a（＋）回收纯化后连接，转化大肠杆菌 *BL21*（DE3），构建重组质粒（图 3-1、图 3-2）。

以家蚕 *BmFAD3-like* 和 *BmD6DES* 基因开放阅读框序列为依据重新设计引物，并在正、反向引物的 5′端分别添加保护碱基和酶切位点。以家蚕总 RNA 为模板进行 RT-PCR，电泳检测获得预期大小一致的目的条带，克隆及测序表明与预期序列一致。提取载体质粒和克隆质粒，分别用 *Eco*R Ⅰ 和 *Xho* Ⅰ 进行双酶切，回收目的条带后用 T4 DNA 连接酶将 *BmFAD3-like* 和 *BmD6DES* 基因与载体 pET-28a（＋）连接，并转化大肠杆菌感受态细胞 *BL21*（DE3），筛选阳性克隆，重组表达质粒经测序证实构建成功，如图 3-3 所示。

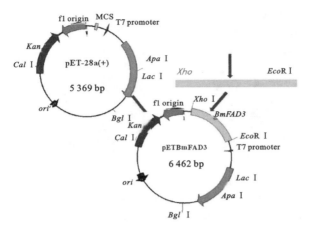

图 3-1　重组质粒 pETBmFAD3-like 的构建

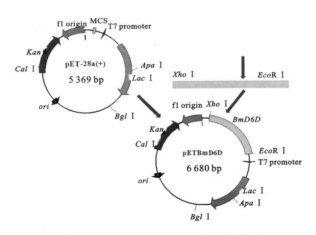

图 3-2　重组质粒 pETBmD6DES 的构建

3.4.2　家蚕 *BmFAD3-like* 和 *BmD6DES* 基因编码目的蛋白诱导及表达形式鉴定

重组表达质粒 pETBmFAD3-like 和 pETBmD6DES 转化大肠杆菌 *BL21* (DE3)表达菌株,经 0.5 mmol/L IPTG 诱导 4 h 收集菌体,聚丙烯酰胺凝胶电泳对表达产物进行检测。重组质粒与空载诱导表达产物显示出了大小约 45 kDa 和

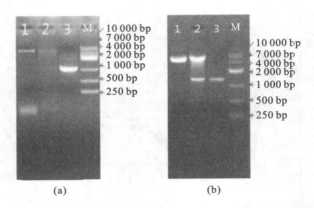

图 3-3　家蚕 *BmFAD3-like* 和 *BmD6DES* 基因原核表达重组质粒的鉴定

(a)泳道:1—pETBmFAD3-like 质粒;2—pETBmFAD3-like 质粒经 *Eco*R Ⅰ、*Xho* Ⅰ双酶切;

3—*BmFAD3-like* PCR 产物;M—DL 10 000 DNA marker;

(b)泳道:1—pETBmD6DES 质粒;2—pETD6D 质粒经 *Eco*R Ⅰ、*Xho* Ⅰ双酶切;

3—*BmD6DES* PCR 产物;M—DL 10 000 DNA marker

55 kDa 差异条带。由于 *BmFAD3-like* 和 *BmD6DES* 基因编码目的蛋白分子量预测值为 41.5 kDa 和 51.9 kDa,加上 6×His 标签序列,约为 44.3 kDa 和 54.7 kDa。因此,判定 *BmFAD3* 和 *BmD6DES* 基因编码目的蛋白在大肠杆菌中得到了正确表达。表达组分经可溶性鉴定表明目的蛋白主要位于裂解沉淀中,说明该蛋白主要以包涵体形式表达(图 3-4)。

3.4.3　家蚕 *BmFAD3-like* 和 *BmD6DES* 基因重组纯化蛋白的蛋白质印迹技术检测

重组工程菌用终浓度为 1 mmol/L IPTG 量诱导表达,培养条件为 37 ℃,150 r/min,培养 4 h,收集培养菌体细胞,液氮速冻 3 次后超声破碎,用 TritonX-100 法洗涤并提取包涵体。包涵体经镍亲和层析柱纯化,对提取的包涵体及重组蛋白进行检测,以含有标签的抗体为一抗,以辣根过氧化物酶标记山羊抗小鼠为二抗,检测结果显示提取的包涵体和纯化的重组蛋白可与抗体产生特异性反应(图 3-5),证实基因得到了正确表达与纯化。

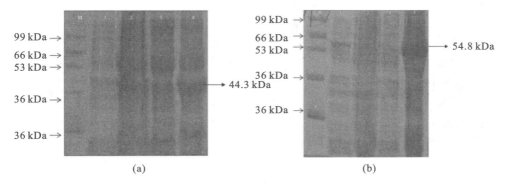

图3-4　家蚕 *BmFAD3-like* 和 *BmD6DES* 基因原核表达产物的诱导表达

(a)泳道:M—蛋白质 marker;1—pET28a(＋)空载诱导前;2—pET28a(＋)空载诱导后;
3—*BmFAD3-like* 蛋白诱导前;4—*BmFAD3-like* 蛋白诱导后;

(b)泳道:M—蛋白质 marker;1—pET28a(＋)空载诱导前;2—pET28a(＋)空载诱导后;
3—*BmD6DES* 蛋白诱导前;4—*BmD6DES* 蛋白诱导后

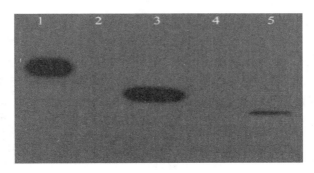

图3-5　家蚕 *BmFAD3-like* 和 *BmD6DES* 基因重组纯化蛋白的蛋白质印迹技术分析的杂交鉴定

泳道:1—阳性对照(75 kDa);2—*BmD6DES* 基因未诱导;3—*BmD6DES* 基因诱导后;
4—*BmFAD3-like* 基因未诱导;5—*BmFAD3-like* 基因诱导后

3.5　讨　　论

　　大肠杆菌常用于分子生物学中高效率地表达外源蛋白质原核表达系统,这个系统突出的优点是方便快捷、表达所需的时间短、蛋白质产量高、遗传背景清楚、蛋白质分离纯化技术成熟可靠。试验的目的首先是获得有活性的脂肪酸脱氢酶蛋白,其次是用纯化出的蛋白制备多克隆抗体。但是大肠杆菌表达的蛋白分为可溶性蛋白和包涵体两种形式。包涵体通常是没有生物活性的蛋白质聚集体,但是包涵体仍然具有目的基因编码的正常氨基酸序列。在大肠杆菌体内形成包涵体的主要原因在于:①目的基因在大肠杆菌中被快速翻译时,蛋白质合成速度非常迅速,用于折叠的时间不够,即使是被折叠的蛋白质,其精度和准确度也都不够,许多蛋白非特异性结合在一起后形成难溶于水的蛋白质聚集体;②真核生物来源的蛋白在大肠杆菌中表达时,缺乏必要的酶进行翻译后修饰,缺乏中间产物过渡,形成的蛋白易沉淀集聚并形成包涵体;③目的基因编码氨基酸序列在大肠杆菌中形成蛋白质的表达受浓度、时间和温度的影响非常大,容易形成包涵体。

本次试验表达的脂肪酸脱氢酶蛋白质,过程中也遇到了技术性的难题或者成为系统性的难题:一是 *BmFAD3-like* 和 *BmD6DES* 重组蛋白在大肠杆菌细胞内凝集,形成包涵体;二是由于两种脂肪酸脱氢酶基因编码的蛋白质都是跨膜蛋白,属于膜蛋白家族,在大肠杆菌中的表达量比较低。为了实现研究目的,进行了很多有意义的尝试:首先采用改变诱导剂浓度和发酵温度的方法对大肠杆菌表达条件进行优化,试验结果表明,两种脂肪酸脱氢酶编码的蛋白质诱导表达时,受不同的 IPTG 诱导剂终浓度的影响下,获得的目的蛋白的量变化不大,在 IPTG 浓度为 0.4 mmol/L 的低浓度下和 IPTG 浓度为 1.2 mmol/L 的高浓度下,蛋白的表达量没有明显变化。接下来还对诱导表达的时间进行了优化,结果发现,时间对其表达量的影响也极其有限,诱导表达 6 h 后表达量只比诱导表达 4 h 的表达量提升了不到 5%。把培养温度分别设置为 15 ℃、20 ℃、25 ℃、30 ℃、35 ℃摇床培养后,检测两种脂肪酸脱氢酶基因的表达获得蛋白质的浓度。不同温度下发酵液中蛋白质浓度相差很小。根据以上的试验结果,推测 *BmFAD3-like* 和 *BmD6DES* 基因没有得到高效表达的原因极可能是自身基因结构相对复杂,也有可能是本研究选择的表达载体或宿主菌不适合这两个脂肪酸脱氢酶编码的蛋白质进行高效表达。

对于家蚕 *BmFAD3-like* 和 *BmD6DES* 基因的原核表达在实际操作过程中存在的问题,还需要查阅文献,参考前人在大肠杆菌中表达活性蛋白的成功案例,设计有针对性的试验方案,选择合适的表达载体和宿主菌,优化蛋白诱导表达的条件,有效提升两种脂肪酸脱氢酶基因编码蛋白质的表达量,获得足够多的酶蛋白,纯化后应用于脂肪酸脱氢酶活性分析或者免疫组织化学分析定位。

4 家蚕 *BmFAD3-like* 和 *BmD6DES* 基因在酿酒酵母中的表达

4.1 引　言

　　酿酒酵母是一种常用的功能性表达脂肪酸脱氢酶的宿主菌,它具有培养简便、繁殖速度快、遗传背景清晰、基因操作技术成熟等优点,是研究真核细胞基因功能时常用的模型生物和重要的宿主细胞。酿酒酵母 INVSC1 细胞内不含有 ω^3-/Δ^6-脂肪酸脱氢酶,不能产生内源的 PUFA,因此将克隆得到的 *BmFAD3-like* 和 *BmD6DES* 基因双酶切后和同样双酶切的 pYES2.0 进行体外连接,构建重组表达质粒,转化酿酒酵母进行功能性表达分析,从而实现对 *BmFAD3-like* 和 *BmD6DES* 基因在转录水平、翻译水平以及产物水平的研究。

4.2 材料与设备

4.2.1 材料

　　两个脂肪酸脱氢酶基因 *BmFAD3-like* 和 *BmD6DES* PCR 产物,及重组质粒 pMDBmFAD3-like 和 pMDBmFAD3-like 详见第 2 章。

4.2.2 菌株和质粒

　　穿梭表达质粒载体 pYES 2.0 如图 4-1 所示,含有 *URA3* 基因、氨苄西林抗性选择基因、多克隆位点等。酵母菌株 INVSC1(表现型为 Ura-)购自 Invitrogen 公司,大肠杆菌 TOP10 感受态细胞由本实验室保存菌株并制备。

4.2.3 主要试剂

　　Taq DNA 聚合酶,*Pfu* 高保真 DNA 聚合酶,dNTPs,*Hind* Ⅲ、*Kpn* Ⅰ、*Xba* Ⅰ限制性内切酶,T₄ DNA 1 kb 梯状条带胶回收试剂盒,DNA marker 连接酶购自宝生物工程(大连)有限公司;SC(Ura-)预配制培养基、酵母质粒小提试剂盒购自

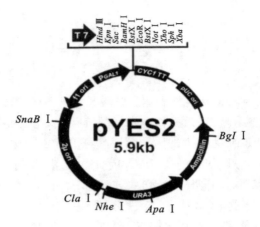

图 4-1 pYES2.0 质粒载体图谱

北京泛基诺基因科技有限公司;所有引物均委托生工生物工程(上海)股份有限公司合成。胰胨和酵母粉为 Oxoid 产品;Amp、IPTG 和 X-gal 为生工生物工程(上海)股份有限公司进口分装产品。其余试剂为国产分析纯或化学纯产品。

4.2.4 培养基

YEPD 液体培养基:酵母粉(yeast extract)10 g/L、蛋白胨(peptone)20 g/L、葡萄糖(D-glucose)20 g/L、固体培养基加 2% 琼脂。

诱导培养基:以 2% 半乳糖为碳源并加入终浓度为 0.05 mmol/L 的亚油酸。

4.2.5 仪器和设备

主要仪器和设备见表 4-1。

表 4-1　　　　　　　　　　　　　主要仪器及设备 3

仪器及设备名称	型号	生产厂家
电热鼓风干燥箱	DHG-9143BS	上海新苗医疗器械制造有限公司
电子天平	BSA124S	赛多利斯(中国)有限公司

续表

仪器及设备名称	型号	生产厂家
恒温水浴锅	DK-80	上海精宏实验设备有限公司
数显超低温冰箱	WUF-400	韩国 DAIHAN 电器
高速冷冻离心机	H-2050R	湖南长沙湘仪离心机仪器有限公司
凝胶电泳图像分析系统	JD-801M	江苏省捷达科技发展有限公司
灭菌锅	Sx-500	日本 Tomy 公司
制冰机	KM-75A	日本 HOSHIZAKI 公司
培养箱	DNP-9052	上海精宏实验设备有限公司
恒温振荡器	SHZ-2	上海跃进医疗器械有限公司
净化工作台	SW-CJ-1FD	上海新苗医疗器械制造有限公司
旋转蒸发仪	N-100	上海爱朗仪器有限公司
冷冻干燥机	FDU-2100	上海爱朗仪器有限公司
气相色谱仪	7890A	美国安捷伦公司
紫外可见分光光度计	Nano Drop 1000	美国赛默飞世尔科技公司
荧光定量 PCR 仪	ABI 7300	美国 ABI 公司
高速离心机	5424	德国艾本德公司
微量移液器	Research plus	德国艾本德公司

4.3 试验方法

4.3.1 重组表达载体的构建

根据第 2 章获得的 *BmFAD3-like* 和 *BmD6DES* 基因的序列，设计添加限制性内酶酶切位点，根据两个基因的开放阅读框序列设计引物，在 *BmFAD3-like* 基因上游引物中 5′端添加 *Hind* Ⅲ 酶切位点及保护碱基，下游引物 5′端添加 *Xba* Ⅰ 酶切位点及保护碱基。在 *BmD6DES* 基因上游引物 5′端添加 *Kpn* Ⅰ 酶切位点及保护碱基，下游引物 5′端添加 *Xba* Ⅰ 酶切位点及保护碱基点。

BmFAD3-like 基因的上下游引物分别是：
Forward：5′-GGC<u>AAGCTT</u>ATGGCTCCGGCGCAACAGAACG-3′
Reverse：5′-GCG<u>TCTAGA</u>CTAAAGTGCCATCACCGCTCCT-3′

BmD6DES 基因的上下游引物分别是：
Forward：5′-GGC<u>GGTACC</u>ATGGCACTAAATACGGAC-3′
Reverse：5′-GCG<u>TCTAGA</u>TTAGAAGCCTAATTT-3′

两个基因正反向引物 5′端的限制性内切酶酶切位点都标注了下画线。以第 2 章构建并保存的质粒为模板，利用上述合成的特异性引物进行 PCR 扩增，获得家蚕 *BmFAD3-like* 和 *BmD6DES* 基因开放阅读框片段，扩增体系如表 4-2 所示。

表 4-2　　　　**家蚕 *BmFAD3-like* 和 *BmD6DES* 基因扩增体系表**

组分	体积
10 倍脱氧核糖核酸扩增缓冲溶液	2.5 μL
脱氧核糖核酸扩增酶	1 μL
上游引物（10 μmol/L）	0.25 μL
下游引物（10 μmol/L）	0.25 μL
脱氧核苷三磷酸（含脱氧核糖）混合物（10 mmol/L）	1 μL

组分	体积
质粒 DNA	1 μL
双蒸水	19 μL
总计	25 μL

扩增程序均为:94 ℃预变性 5 min;94 ℃变性 45 s,60 ℃退火 60 s,72 ℃延伸 1 min,35 个循环;72 ℃延伸 10 min;4 ℃保存。PCR 产物纯化、回收方法同第 2 章表达载体的构建。

将扩增家蚕 *BmFAD3-like* 和 *BmD6DES* 基因的 PCR 产物回收,与 pYES2.0 载体一起进行 *Hind* Ⅲ 或 *Kpn* Ⅰ 和 *Xba* Ⅰ 双酶切。酶切产物经 1% 琼脂糖凝胶在 120 V 电压下电泳 30 min,用生工生物工程(上海)股份有限公司 SanPrep 胶回收试剂盒回收,构建 pYBmFAD3-like、pYBmD6DES 表达载体。构建的重组质粒载体转化大肠杆菌 TOP10 感受态细胞,在 Amp 培养基上挑取阳性克隆进行 PCR 检测,置于 1% 琼脂糖凝胶中在 120 V 电压下电泳 30 min 后分别得到与 *Bm-FAD3-like* 和 *BmD6DES* 基因长度相当的 PCR 产物。对 PCR 检测阳性的菌落挑菌并用 LB 液体培养基在 37 ℃振荡培养 24 h,提取质粒后进行双酶切鉴定,出现两条带,一条约 5.9 kb,是空载载体质粒 pYES2.0;另一条分别与 *BmFAD3-like* 和 *BmD6DES* 基因的长度一致,片段在 1 080 bp 或 1 335 bp 左右,是插入的 *Bm-FAD3-like* 和 *BmD6DES* 片段。经测序验证,质粒中确实含有目的片段,且插入方向和读码框正确,两个基因的表达载体构建成功[169]。

用 *Hind* Ⅲ(*Kpn* Ⅰ)和 *Xba* Ⅰ 分别对 pYES2.0 和扩增得到的两个脂肪酸脱氢酶基因进行双酶切。酶切体系表 4-3 及方法如下。

表 4-3 脂肪酸脱氢酶基因和 pYES2.0 利用 *Hind* Ⅲ(*Kpn* Ⅰ)和 *Xba* Ⅰ双酶切体系表

组分	体积
10 倍脱氧核糖核酸酶内切酶缓冲液	2 μL
牛血清白蛋白溶液	1 μL
脱氧核糖核酸酶内切酶 *Hind* Ⅲ 或 *Kpn* Ⅰ	0.75 μL

组分	体积
脱氧核糖核酸酶内切酶 *Xba* Ⅰ	0.75 μL
质粒 DNA 或载体 pYES2.0	10 μL
双蒸水	5.5 μL
总计	20 μL

37 ℃ *Hind* Ⅲ（*Kpn* Ⅰ）和 *Xba* Ⅰ 双酶切 6 h,然后在 65 ℃ 水浴中热激 20 min 使限制性内切酶失活,酶切产物进行 1‰琼脂糖凝胶电泳（120 V,30 min）,酶切目的片段采用胶回收试剂盒纯化回收。

用 T4 DNA 连接酶将经过酶切具有黏性末端的 pYES2.0 和两个脂肪酸脱氢酶基因分别进行连接。连接酶体系如表 4-4 所示。

表 4-4　　　**脂肪酸脱氢酶基因和 pYES2.0 T4 DNA 连接酶体系表**

组分	体积
目的基因片段	4 μL
pYES2.0	4 μL
10 倍脱氧核糖核酸扩增缓冲溶液	1 μL
T4 DNA 连接酶	1 μL
总计	10 μL

25 ℃恒温水浴中连接 8～12 h。连接产物利用第 2 章中描述的方法转化大肠杆菌 TOP10 感受态细胞。在添加 Amp 的抗性平板上培养后挑取阳性单克隆,挑选出来的阳性克隆经菌液 PCR 扩增检测鉴定后,再用 5 mL 含有 Amp 的 LB 液体培养基摇床培养 24 h,发酵好的菌液利用第 2 章描述的方法提取质粒,提取后的质粒酶切鉴定后阳性克隆送到生工生物工程(上海)股份有限公司进行测序鉴定。

4.3.2 酿酒酵母感受态细胞的制备及转化

(1)将在甘油管中冷冻保存的酿酒酵母菌株 INVSCl 平板采取连续划线的方法接种到 YEPD 平板上进行活化,28 ℃培养 36~48 h。

(2)挑取酿酒酵母 INVSCl 的单菌落转接到 5 mL YEPD 液体培养基试管中,以 28 ℃、150 r/min 的条件振荡培养 24 h。

(3)每隔 4 h 检测培养菌液的 OD_{600nm} 值,当 OD_{600nm} 达到 0.5~0.6 时,取适量菌液稀释于 50 mL YEPD 液体培养基的三角瓶中,使 OD_{600nm}＝0.4,继续培养 2~4 h。

(4)将酿酒酵母培养液在 4 000 r/min 转速下离心 10 min 沉淀细胞,倾尽上层清液后,加入 40 mL 1×TE 重悬细胞溶液并混匀。

(5)再次把酿酒酵母菌悬液以 4 000 r/min 转速下离心 10 min 收集细胞,沉淀细胞用 2 mL 1×LiAc/0.5×TE 溶液进行重悬。

(6)室温静置 10min 后,分别取 100 μL 制备好的酵母感受态细胞,加入 1 μg 重组表达质粒 pYBmFAD3-like 或 pYBmD6DES 或空载体 pYES2.0 及 100 μg 变性鲑精 DNA,混匀。

(7)在酵母感受态细胞内再加入 700 μL 的 1×LiAc/40% PEG-4000/1×TE 溶液,振荡混匀,28 ℃下温浴 30 min。

(8)在温浴后的感受态细胞内再加入 88 μL DMSO 混匀,于 42 ℃水浴中热敷 7 min。在 8 000 r/min 转速下离心 10 s,去上层清液。

(9)加入 1 000 μL 1×TE 重悬细胞溶液,然后离心收集细胞,再重悬于 100 μL 1×TE 溶液中,并涂布于 SC-Ura(无尿嘧啶)选择性固体培养基(含 2%的葡萄糖)上,28 ℃下培养至平板长出单菌落。

4.3.3 酵母阳性转化子质粒提取及检测

重组酿酒工程菌经 28 ℃振荡培养 36~48 h 后,分别提取两株工程菌的重组质粒,进行 PCR 检测及质粒双酶切电泳检测。酵母质粒提取方法参照北京泛基诺基因科技有限公司酵母质粒小提试剂盒说明及步骤进行,具体如下:

(1)将培养好的酿酒酵母培养液转移 15 mL 至预先灭菌的离心管内,在 2 000 r/min 的转速下离心 5 min,倾除上层清液。

(2)用 5 mL 的无菌双蒸水重悬细胞,离心后吸去上层清液,尽量吸干。

(3)加入硼酸钠缓冲液(SB buffer)150 μL,用 200 μL 吸头反复吹吸使细胞充分悬浮,此时酵母细胞受到一定程度的剪切,有利于后续的操作。

(4)加入 10 μL 裂解酶(zymolyase)溶液,用 200 μL 吸头反复吹吸至充分混匀后,37 ℃水浴 1 h。

(5)加入 300 μL 重悬缓冲溶液(D buffer),用 200 μL 吸头反复吹吸,使原生质体和细胞沉淀充分悬浮。

(6)将悬浮液转移到盛有玻璃珠的 2 mL 离心管,加入 400 μL 预混的酚:氯仿:异戊醇(25:24:1,注意上层为水保护层,吸取时应将吸头穿过此层)涡旋振荡混匀后,37 ℃ 水浴 10~15 min。

(7)以最高转速涡旋振荡 2~3 min,间歇 15 s 后继续涡旋振荡 2~3 min。

(8)以 12 000 r/min 的转速离心 3 min,转移上层清液 400 μL 到 1.5 mL 至离心管中,加入 40 μL 3 mol/L 乙酸钠(试剂盒内)、800 μL 无水乙醇,以 500 r/min 转速涡旋振荡 1 min 混匀。

(9)以 12 000 r/min 的转速离心 5~10 min,倾除上层清液。

(10)用 75%乙醇再洗一次,离心弃上层清液。

(11)将 2 mL 离心管中沉淀的 DNA 溶于 20 μL TE 缓冲液或水。

(12)如果所得质粒不足以进行后续试验,可将上步得到的质粒全部用于细菌转化,充分培养细菌后,再按照细菌中质粒提取的操作获得大量质粒。

(13)将检测出的阳性酵母转化子分别命名为 pYBmFAD3-like、pYBmD6DES,转化空白 pYES2.0 载体的菌株命名为 pYES2.0。

4.3.4 酿酒酵母工程菌的筛选和诱导表达

(1)把 4.3.3 节初步鉴定的阳性转化子 YBmFAD3-like、YBmD6DES 和 YES2.0 分别接种于 10 mL SC-Ura 液体选择性培养基(含 2%的棉籽糖),同时以空载作为对照接种于含尿嘧啶的 SC-Ura 培养基中,28 ℃、250 r/min 振荡过夜培养。

(2)取 1 mL 过夜培养的转化子的基因组 DNA,然后以基因组 DNA 为模板,以第 2 章引物 P1 和 P1′(表 2-1、表 2-2)作为引物,按如下条件和反应体系进行 PCR 扩增。扩增条件为 95 ℃预变性 3 min;然后 94 ℃变性 30 s,58 ℃退火 30 s,72 ℃ 延伸 1 min,25 个循环;最后 72 ℃延伸 10 min。扩增完毕后,PCR 产物进行 1% 琼脂糖凝胶电泳 120 V 30 min 检测。

(3)PCR 检测为阳性的转化子以 5%的接种量加入含 1%NP-40、2%棉籽糖的 100 mL SC-Ura 液体培养基中,同时再加入 0.5 mmol/L 的外源底物亚油酸、重组工程菌及含空载质粒酿酒酵母菌在 28 ℃继续振荡培养。

(4)分别检测上述培养物的培养液的菌体密度达到 $OD_{600nm}=0.2\sim0.3$ 时,及时添加 2% 半乳糖诱导重组质粒的表达,降低培养温度为 20 ℃,继续培养 72 h。

(5)以 4 000 r/min 的转速离心 10 min 收集细胞,用无菌水洗涤 3 次,50 ℃ 烘干,研碎,加入 2 mL 0.5 mol/L 氢氧化钾甲醇溶液,充入氮气,60 ℃ 反应 30 min,室温冷却,加入 14% 三氟化硼甲醇溶液 2 mL,60 ℃ 下水浴放置 2 min,加入足量的饱和氯化钠溶液和 2 mL 的正己烷,振荡摇匀,静置,取上层(正己烷层)溶液,加无水硫酸钠 2 g 脱水后进行气相色谱分析。

4.3.5 重组基因表达产物样品的气相色谱分析

采用 Agilent 6890A 气相色谱仪,色谱柱为 HP-5,分流比 20∶1,进样口温度为 250 ℃,柱温 150～230 ℃ 采用程序升温,检测器温度为 250 ℃,气化室温度为 350 ℃,尾吹为 40 mL/min,氢气流速 45 mL/min,空气流速 450 mL/min,检测器为氢火焰离子化检测器(FID),进样量 1 μL,测定样品中脂肪酸组成。以 Sigma 14 种混合脂肪酸甲酯标准品(Sigma 18918-1AMP)作为对照进行 GC 定性分析[170]。

4.4 结果与分析

4.4.1 表达载体构建

以 pMDBmFAD3-like 和 pMDBmD6DES 为模板,PCR 扩增出长度为 1.1 kb 和 1.3 kb 的目的条带,并与表达载体 pYES2.0 连接,构建重组表达载体 pYBm-FAD3-like 和 pYBmD6DES(图 4-2、图 4-3)。

4.4.2 阳性克隆的筛选

随机挑取培养皿中的阳性克隆,接入 5 mL Amp 抗性 LB 液体培养基中过夜培养,用质粒提取试剂盒提取质粒,用 *Hind* Ⅲ(*Kpn* Ⅰ)和 *Xba* Ⅰ 对所提重组表达质粒进行双酶切分析及 PCR 鉴定,筛选到阳性克隆,如图 4-4 所示。结果如图 4-5 所示,质粒 pYBmFAD3-like 双酶切产生长度为 5.9 kb 和 1.1 kb 的条带,接下来又以重组质粒为模板,PCR 扩增获得与 1.1 kb 长度相同的带,空载体无特异

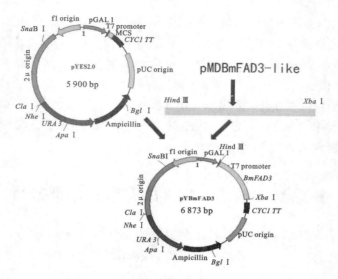

图 4-2　重组质粒 pYBmFAD3-like 的构建

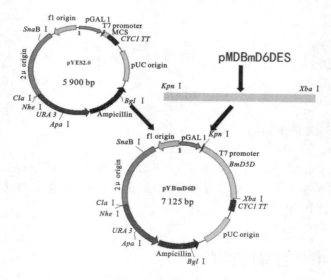

图 4-3　重组质粒 pYBmD6DES 的构建

性带产生。初步证明 *BmFAD3-like* 基因已经插入表达载体 pYES2.0 中,并命名为 pYBmFAD3-like。用同样的方法得到阳性克隆重组工程菌 pYBmD6DES。

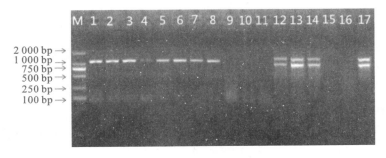

图 4-4 阳性转化菌的菌液 PCR 鉴定

泳道:M—DL 2 000 marker;1~8—pYBmFAD3-like 阳性转化菌菌液 PCR 结果;

9~17—pYBmD6DES 阳性转化菌菌液 PCR 结果

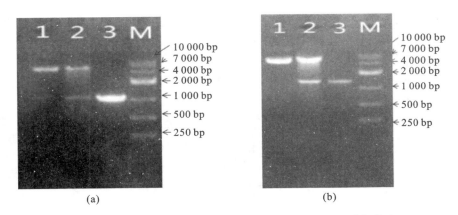

图 4-5 重组质粒 pYBmFAD3-like 和 pYBmD6DES 的双酶切鉴定

(a)泳道:1—pYBmFAD3-like 质粒;2—pYBmFAD3-like 质粒经 *Hind* Ⅲ、*Xba* Ⅰ 双酶切;

3—*BmFAD3-like* PCR 产物;M—DL 10 000 marker;

(b)泳道:1—pYBmD6DES 质粒;2—pYD6DES 质粒经 *Kpn* Ⅰ、*Xba* Ⅰ 双酶切;

3—*BmD6DES* PCR 产物;M—DL 10 000 marker

4.4.3 脂肪酸 GC 检测

为了验证 *BmFAD3-like* 和 *BmD6DES* 基因的功能,分别用重组表达质粒 pYBmFAD3-like 和 pYBmD6DES 转化酿酒酵母细胞,获得转基因酵母工程菌株 YBmFAD3-like 和 YBmD6DES,经半乳糖诱导时分别加入亚油酸(LA)为底物,提取诱导后转基因酵母培养产物的总脂肪酸。脂肪酸经三氟化硼-甲醇甲酯化后,以

14 种混标脂肪酸甲酯标准品（Sigma 18918-1AMP）作为标准，以空载体 pYES2.0 转化的酿酒酵母菌株培养产物作为对照进行 GC 分析（图 4-6）。结果显示，酵母工程菌株 YBmFAD3-like 气相色谱检测图谱上产生了与混合脂肪酸甲酯中标准品 α-亚麻酸甲酯标准品相同保留时间的峰，而在空载体的对照样中没有出现相应的峰［图 4-7（b）、（c）］。ALA 含量占细胞总脂肪酸含量的 2.8％，底物亚油酸转化为 α-亚麻酸的转化率为 7.3％（表 4-5）。另外一个酿酒酵母工程菌株 YBmD6DES 气相色谱检测图谱上产生了保留时间与混合脂肪酸甲酯中标准品 γ-亚麻酸甲酯的保留时间相同的峰，而在空载体的对照样中没有出现相应的峰［图 4-7（b）、（d）］。γ-亚麻酸含量占细胞总脂肪酸含量的 2.1％，底物亚油酸转化为 α-亚麻酸的转化率为 6.5％（表 4-6）。

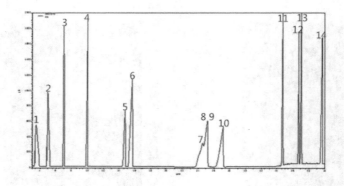

图 4-6 14 种脂肪酸甲酯混标（Sigma 18918-1AMP）气相色谱图

色谱峰：1—辛酸（8：0）；2—癸酸（10：0）；3—月桂酸（12：0）；
4—十四烷酸（14：0）；5—棕榈酸（16：0）；6—棕榈油酸（16：1c）；7—硬脂酸（18：0）；
8—顺油酸（18：1t）；9—亚油酸（18：2c）；10—亚麻酸（18：3c）；11—花生酸（20：0）；
12—山嵛酸（22：0）；13—芥酸（22：1c）；14—木蜡酸（24：0）

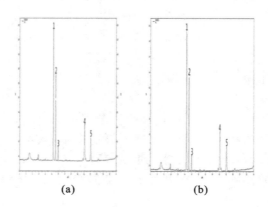

(a)   (b)

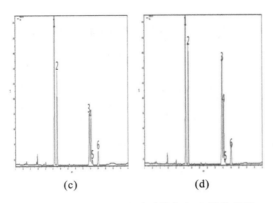

(c)　　　　　　　　　　(d)

图 4-7　酿酒酵母总脂肪酸的气相色谱分析图

(a)酿酒酵母；(b)酿酒酵母＋空载 pYES2.0；(c)重组质粒 pYBmFAD3-like；(d)重组质粒 pYBmD6DES

1—棕榈酸(16：0)；2—棕榈油酸(16：1)；3—硬脂酸(18：0)；

4—油酸(18：1)；5—亚油酸(18：2)；6—α-亚麻酸或 γ-亚麻酸(18：3)

表 4-5　　**酿酒酵母携带 pYBmFAD3-like 质粒表达后的脂肪酸成分分析**

酵母质粒	脂肪酸组成						转换率[d]
	棕榈酸	棕榈油酸	硬脂酸	油酸	亚油酸	α-亚麻酸	LA→ALA
	16：0	16：1	18：0	18：1	18：2 (LA)	18：3 (ALA)	
INVSC1[a]	27.7%± 0.1%	21.3%± 0.2%	5.2%± 0.1%	11.3%± 0.1%	8.8%± 0.2%	—	
INVSC1+ pYES[b]	28.8%± 0.2%	20.7%± 0.3%	6.1%± 0.2%	12.6%± 0.2%	9.3%± 0.2%	—	7.3%
INVSC1+ pYBmFAD3-like[c]	21.3%± 0.1%	15.6%± 0.1%	16.4%± 0.2%	14.3%± 0.1%	6.2%± 0.2%	2.8%± 0.1%	
保留时间/min	14.489	15.298	23.914	24.530	24.703	26.477	

注：a.酿酒酵母 INVSC1；

　　b.转入空载质粒 pYES2.0 的酿酒酵母 INVSC1；

　　c.转入重组质粒 pYBmFAD3-like 的酿酒酵母 INVSC1；

　　d.转换率＝α-亚麻酸/（亚油酸＋α-亚麻酸）×100%，亚油酸和 α-亚麻酸均为质量百分比。

表 4-6   **酿酒酵母携带 pYBmD6DES 质粒表达后的脂肪酸成分分析**

酵母质粒	脂肪酸组成						转换率[d]
	棕榈酸	棕榈油酸	硬脂酸	油酸	亚油酸	γ-亚麻酸	LA→GLA
	16：0	16：1	18：0	18：1	18：2（LA）	18：3（GLA）	
INVSC1[a]	28.7%±0.1%	20.1%±0.2%	4.9%±0.1%	12%±0.1%	8.5%±0.2%	—	
INVSC1＋pYES[b]	28.8%±0.2%	19.6%±0.3%	5.8%±0.2%	11.9%±0.2%	10.3%±0.2%	—	6.5%
INVSC1＋pYBmD6DES[c]	20.3%±0.1%	16.6%±0.1%	15.6%±0.2%	13.4%±0.1%	4.6%±0.2%	2.1%±0.1%	
保留时间/min	14.513	15.278	23.877	24.425	24.726	26.587	

注：a. 酿酒酵母 INVSC1；

    b. 转入空载质粒 pYES2.0 的酿酒酵母 INVSC1；

    c. 转入重组质粒 pYBmD6DES 的酿酒酵母 INVSC1；

    d. 转换率＝γ-亚麻酸/（亚油酸＋γ-亚麻酸）×100%，亚油酸和 γ-亚麻酸均为质量百分比。

4.5　讨　　论

经过第 2 章对家蚕 *BmFAD3-like* 和 *BmD6DES* 基因的克隆、序列分析和系统进化分析，初步推测从家蚕蛹体中获得的家蚕 *BmFAD3-like* 和 *BmD6DES* 基因序列分别具有潜在编码 ω³-脂肪酸脱氢酶和 Δ⁶-脂肪酸脱氢酶蛋白的能力。为了验证这两个基因的功能，将其编码序列和 pYES2.0 连接，构建重组表达载体，以尿嘧啶缺陷型酿酒酵母 INVSCl 作为宿主进行功能表达分析。将带有家蚕 ω³-脂肪酸脱氢酶基因和家蚕 Δ⁶-脂肪酸脱氢酶基因的质粒 pYBmFAD3-like 和 pYBmD6DES 转化到 INVSCl 受体菌中，通过 SC-Ura 合成培养基筛选阳性转化子，并提取质粒进行 PCR 和酶切鉴定。然后添加外源性底物亚油酸，在半乳糖诱导等条件下培养具有 pYBmFAD3-like 和 pYBmD6DES 质粒的转基因酿酒酵母，并提取酿酒酵母发酵产物总脂肪酸进行气相色谱分析。结果表明,和对照酿酒酵母 IN-VSC1、酿酒酵母 INVSC1 和空载 pYES2.0 培养物 GC 检测相比,重组酿酒酵母工程菌株培养物总脂肪酸 GC 检测色谱峰中出现两个与 14 种混合脂肪酸甲酯标准品 ALA 和 GLA 保留时间相同的新峰。这些结果证明,通过分子生物学手段获得的 *BmFAD3-like* 和 *BmD6DES* 基因序列,编码产物具有 ω^3-脂肪酸脱氢酶和 Δ^6-脂肪酸脱氢酶活性,它们分别能特异性地催化亚油酸 C15 和 C16 位之间和 C6 和 C7 之间脱氢形成双键。这是国内首次报道从家蚕中克隆 ω^3-脂肪酸脱氢酶基因和 Δ^6-脂肪酸脱氢酶基因,并在酿酒酵母中进行表达。

5 家蚕 *BmFAD3-like* 和 *BmD6DES* 基因的表达调控

5.1　引　　言

　　饱和脂肪酸是生物膜的重要组成成分,也是许多生物活性分子(如性信息素)的前体物质,对多细胞有机体的细胞生物学功能起着重要的维系和调节作用;而脂肪酸脱氢酶又是机体合成不饱和脂肪酸的关键酶[155]。

　　低温下,不饱和脂肪酸脱氢酶通过改变膜脂的脂肪酸成分来调节细胞膜的流动性[171]。1997 年,Los 等研究发现在蓝细菌中,当温度从 34 ℃降到22 ℃,Δ^6-脂肪酸脱氢酶基因、Δ^{12}-脂肪酸脱氢酶基因、Δ^{15}-脂肪酸脱氢酶基因的表达水平增加了大约 10 倍,而 Δ^9-脂肪酸脱氢酶基因的表达水平没有发生变化,表明该基因可能与蓝细菌的抗低温能力相关[172]。有关低温调节不饱和脂肪酸脱氢酶基因表达的研究结果表明,至少有 2 种不同的机制参与温度对不饱和脂肪酸脱氢酶基因产物量的调节。一种机制是低温调节不饱和脂肪酸脱氢酶基因的 mRNA 水平,另一种机制是低温调节不饱和脂肪酸脱氢酶的转录后水平或翻译水平[173]。2012 年,于爱群等[174]发现低温除了在转录水平上调控高山被孢霉脂肪酸脱氢酶基因的表达,还可能在转录后水平上介导了胞内脂肪酸组成的变化,并推测脂肪酸脱氢酶基因的表达可能受到胞内脂肪酸组成变化的反馈调节作用。

　　脂肪酸脱氢酶基因表达还可能受到病原菌侵染的调节,从而在生物诱导抗性形成中起到一定的作用。真菌侵染可快速诱导欧芹(*Petroselinum crispum*)微体 Δ^{12}-脂肪酸脱氢酶基因表达。用真菌肽诱导剂处理培养的欧芹细胞时,导致多不饱和脂肪酸组成快速大量地改变[53,175]。1997 年,Kirsch 等[176]研究发现欧芹中 ω^3-脂肪酸脱氢酶基因和其微体 Δ^{12}-脂肪酸脱氢酶基因一样,通过真菌感染能快速诱导其 mRNA 的表达。用激活剂处理过的欧芹细胞中 LA 含量快速降低,而 ALA 的水平反而升高了,说明植物中脂肪酸脱氢酶转录水平调节也是对病原菌产生反应的一部分。

　　RNA 干扰(RNA interference,RNAi)是指外源或内源的双链 RNA(dsRNA)特异性地引起基因表达沉默的现象,它作为一种有效的工具用来造成转录后沉默,从而抑制特定基因的表达,成为基因功能研究的一种新方法,除了在模式昆虫如果蝇(*Drosophila*)中广泛应用之外,也在非模式昆虫中得到成功应用[177]。

　　为了探究家蚕 *BmFAD3-like*、*BmD6DES* 基因的功能,本书设计了蚕蛹体受低温诱导、真菌侵染和 siRNA 干涉后,利用 qRT-PCR 技术研究 *BmFAD3-like* 和 *BmD6DES* 基因 mRNA 表达情况的变化,从而探究其生理功能。

5.2　材料与方法

5.2.1　材料与引物

5.2.1.1　材料

家蚕(品种为华系大造 P50),球孢白僵菌(江苏科技大学家蚕病理室耿涛博士惠赠),试剂 Takara SYBR Premix *Ex Taq* Ⅱ、Takara *Ex Taq* 购自宝生物工程(大连)有限公司。

5.2.1.2　引物

实时荧光定量 PCR 用到的引物如表 5-1 所示。

表 5-1　　　　　　　　**实时荧光定量 PCR 用到的引物**

引物对	引物名称	序列 ($5'\rightarrow3'$)	退火温度 T_m
P1	RP49 F	AGGCATCAATCGGATCGCTATG	62 ℃
	RP49 R	TTGTGAACTAGGACCTTACGGAATC	63 ℃
P2	BmFAD3-like F	CCACCACACTTTCCCTTGGG	62 ℃
	BmFAD3-like R	CAGCTCGGACTAATGCTGGC	62 ℃
P3	BmD6DES F	TGCGAATGATGTCCAGCAGT	61 ℃
	BmD6DES R	GCTCTCTTTGGCTTGGACCT	64 ℃

5.2.2　仪器和设备

主要仪器和设备名称见表 5-2。

表 5-2   主要仪器和设备 4

仪器和设备名称	型号	生产厂家
电热鼓风干燥箱	DHG-9143BS	上海新苗医疗器械制造有限公司
电子天平	BSA124S	赛多利斯(中国)有限公司
恒温水浴锅	DK-80	上海精宏实验设备有限公司
数显超低温冰箱	WUF-400	韩国 DAIHAN 电器
高速冷冻离心机	H-2050R	湖南长沙湘仪离心机仪器有限公司
凝胶电泳图像分析系统	JD-801M	江苏省捷达科技发展有限公司
灭菌锅	Sx-500	日本 Tomy 公司
制冰机	KM-75A	日本 HOSHIZAKI 公司
培养箱	DNP-9052	上海精宏实验设备有限公司
恒温振荡器	SHZ-2	上海跃进医疗器械有限公司
净化工作台	SW-CJ-1FD	上海新苗医疗器械制造有限公司
旋转蒸发仪	N-100	上海爱朗仪器有限公司
冷冻干燥机	FDU-2100	上海爱朗仪器有限公司
气相色谱仪	7890A	美国安捷伦公司
紫外可见分光光度计	Nano Drop 1000	美国赛默飞世尔科技公司
荧光定量 PCR 仪	ABI 7300	美国 ABI 公司
高速离心机	5424	德国艾本德公司
微量移液器	Research plus	德国艾本德公司

5.2.3 试验方法

5.2.3.1 低温诱导

在预蛹的第 2 天,蚕蛹被分为 3 组进行低温诱导实验,分别保持在 0 ℃、10 ℃、30 ℃。低温诱导处理 6 h 后,蚕蛹取样后用液氮冷冻,研磨,抽提总 RNA。采用 qRT-PCR 进行定量分析,qRT-PCR 利用前述表 5-1 中所示的相应引物。每次取样间隔 12 h,共取样 5 次。每组 30 个蚕蛹,每次试验进行 3 次生物学重复。

5.2.3.2 真菌侵染

在预蛹的第 2 天,蚕蛹被分为 2 组进行真菌感染[球孢白僵菌(*Beauveria bassiana*)孢子悬浮液注射,孢子 $1×10^8$ 个/mL;20 μL /蛹]。对照组注射相同体积的 ddH_2O。注射真菌孢子悬浮液 12 h 后,取样采集感染蚕蛹和对照蚕蛹,用液氮冷冻蚕蛹,研磨,抽提总 RNA,采用 qRT-PCR 进行定量分析,qRT-PCR 利用前述表 5-1 中所示的相应的引物。每组 30 只蚕蛹,每次试验进行 3 次生物学重复。

5.2.3.3 注射 siRNA

双链 RNA(siRNA),相应的核苷酸($\begin{smallmatrix}\text{GCGAACGCCUUUACGAAUAAT}\\ \text{[UAUUCGUAAAGGCGUUCGCTT]}\end{smallmatrix}$)(*BmFAD3-like* ORF 402 bp-422 bp)和($\begin{smallmatrix}\text{GGAUUGGCGUAUCUCUCAUTT}\\ \text{AUGAGAGAUACGCCAAUCCTT}\end{smallmatrix}$)(*BmD6DES* ORF 594 bp-615 bp),家蚕基因 *BmFAD3-like* siRNA 和 *BmD6DES* siRNA 的设计和生产由上海吉玛制药技术有限公司完成。注射 siRNA 分为 2 组进行。使用无菌针将 siRNA(≈6.5 μg)注射到预蛹 2 天的家蚕。增强型绿色荧光蛋白(EGFP)siRNA 作为阴性对照。注射 siRNA 后,每隔 12 h 定时取样采集试验组蚕蛹和对照组蚕蛹,将采集到的蚕蛹迅速用液氮冷冻,研磨,抽提总 RNA。采用 qRT-PCR 进行定量分析,qRT-PCR 利用前述表 5-1 中所示的相应引物。每组 30 只蚕蛹,每次试验进行 3 次生物学重复。

5.2.3.4 实时荧光定量 PCR(qRT-PCR)实验

相对定量 PCR,取 10 倍稀释后的 cDNA 4 μL 作为模板与 SYBR Premix Ex Taq Ⅱ 组成 50 μL 实时 PCR 反应液,在 ABI 7300 荧光定量 PCR 仪进行,反应条件为:95 ℃变性 30 s,95 ℃变性 5 s,60 ℃退火 34 s 进行 40 个循环,解离曲线反应条件:95 ℃变性 15 s,60 ℃退火 1 min 和 95 ℃退火 15 s。实时荧光定量 PCR 所用引物 P3 用于扩增 *BmD6DES* 基因,引物 P2 用于扩增 *BmFAD3-like* 基因,引物 P1 用于扩增内参基因 *BmRP49* 基因序列。所有的 PCR 反应均进行 3 次重复(引物设计见表 5-1)。

5.3 结果与分析

5.3.1 低温诱导对家蚕 *BmFAD3-like* 和 *BmD6DES* 基因 mRNA 相对转录水平的影响

采用 qRT-PCR 检测家蚕的 *BmFAD3-like* 和 *BmD6DES* 基因 mRNA 相对转录水平,实时荧光定量 PCR 结果显示,家蚕蛹体内 *BmFAD3-like* 基因在低温诱导 6 h 后的 mRNA 相对转录水平增加了 45%(图 5-1),同时家蚕蛹体内 *BmD6DES* 基因在低温诱导 6 h 后的 mRNA 相对转录水平增加了 30%(图 5-2)。12 h 后,*BmFAD3-like* 和 *BmD6DES* 基因的 mRNA 相对转录水平下降,并恢复到预冷应激水平,两种基因在低温诱导 72 h 后的 mRNA 和对照组维持在同样的表达水平。以上结果表明,家蚕蛹体内 *BmFAD3-like* 和 *BmD6DES* 的 mRNA 相对转录水平受低温诱导能上调表达,但这种上调表达不能持续。这种差异可能是低温更能维持 Δ^6-脂肪酸脱氢酶活性和负反馈回路的调节,当蛹体内有足够多的不饱和脂肪酸应对低温胁迫的影响时,酶量调节逐渐减小适应机体需要。我们也观察到蚕蛹受到 0 ℃ 低温诱导 24 h 后,*BmFAD3-like* 和 *BmD6DES* 的 mRNA 相对转录水平分别增加 21% 和 18%,0 ℃ 低温诱导 36 h 后,两个基因的 mRNA 相对转录水平逐渐降低至对照水平。

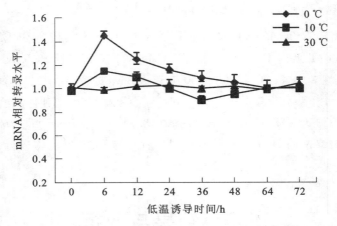

图 5-1　低温诱导对家蚕 *BmFAD3-like* 基因 mRNA 相对转录水平的影响

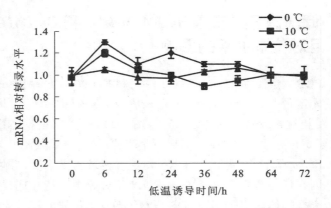

图 5-2　低温诱导对家蚕 *BmD6DES* 基因 mRNA 相对转录水平的影响

5.3.2　真菌侵染对家蚕 *BmFAD3-like* 和 *BmD6DES* 基因 mRNA 相对转录水平的影响

实时荧光定量 PCR 结果表明，家蚕蛹体内 *BmFAD3-like* 基因在真菌侵染 6 h 后其 mRNA 相对转录水平开始增加到最大值，达到 250.2%（图 5-3）；另一组试验显示家蚕蛹体内 *BmD6DES* 基因在真菌侵染 6h 后其 mRNA 的相对转录水平增加到最大值，达到 242.3%（图 5-4）。12 h 后，*BmFAD3-like* 和 *BmD6DES* mRNA

的相对转录水平维持在较高水平,此后随着真菌侵染程度的加剧,从 12 h 后两种基因 mRNA 相对转录水平不断下降,到 60 h 后,蚕蛹体布满白色的球孢白僵菌菌丝后已经几乎检测不到其表达情况。以上结果表明,家蚕蛹体内 *BmFAD3-like* 和 *BmD6DES* 的 mRNA 相对转录水平受真菌侵染能上调表达,参与蚕蛹体内的免疫应答,受免疫细胞受体的调节,但真菌侵染 60 h 后,两个基因的 mRNA 相对转录水平逐渐降低,直至完全检测不到。这可能是由于随着时间延长,蚕蛹感染真菌死亡,蛹体内核酸物质发生降解而没被检测到。

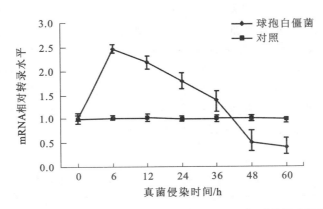

图 5-3　真菌侵染对家蚕 *BmFAD3-like* 基因 mRNA 相对转录水平的影响

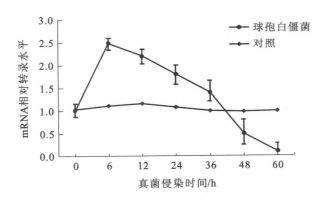

图 5-4　真菌侵染对家蚕 *BmD6DES* 基因 mRNA 相对转录水平的影响

5.3.3 注射 siRNA 对家蚕 *BmFAD3-like* 和 *BmD6DES* 基因 mRNA 相对转录水平的影响

实时荧光定量 PCR 分析表明,*BmFAD3-like* 和 *BmD6DES* 的 mRNA 相对转录水平在注射相应的 siRNA 12 h 后,相对参照分别下调 7.46% 和 8.82%,siRNA 干涉 36 h 后 *BmFAD3-like* 和 *BmD6DES* 的 mRNA 相对转录水平下调量分别达到 55% 和 60.16%(图 5-5 和图 5-6)。然而,在 siRNA 干涉 36 h 后,两种脂肪酸脱氢酶基因的表达水平略有增加,这可能是由机体的自我修复能力造成的,也有可能是注射后的 siRNA 片段在蛹体发生解链从而造成 siRNA 干涉效应降低。然而,在 siRNA 注射后的 12～60 h,少量的蚕蛹体内仍然能够检测到 ω^3-和(或)Δ^6-脂肪酸脱氢酶的活性。这可能是由于相关的几个转录组未能受到 RNAi 降低转录水平和(或)少量酶蛋白在注射前已翻译,siRNA 干涉不破坏成熟的酶蛋白。这个结果证实了家蚕的 *BmFAD3-like* 和 *BmD6DES* 基因易用 siRNA 注射法实现干涉。

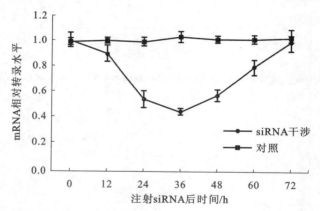

图 5-5　注射 siRNA 后对家蚕 *BmFAD3-like* 基因 mRNA 相对转录水平的影响

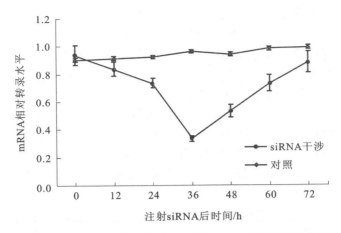

图 5-6　注射 siRNA 后对家蚕 *BmD6DES* 基因 mRNA 相对转录水平的影响

5.4　讨　　论

众所周知，α-亚麻酸和 γ-亚麻酸都是高等动物必需的脂肪酸成分，它们在维持人体正常的生理功能方面发挥着重要的作用，比如调节血脂、调节血糖水平、抗炎、降低血黏度、增加血液携氧量、增强智力、保护视力等[44]。此外，两种不饱和脂肪酸还是构成细胞膜磷脂的重要成分。细胞膜中不饱和脂肪酸成分的变化可以影响诸多的生理生化功能，如酶的催化反应，糖、脂和蛋白质的代谢等。

拟南芥 *fad7* 基因在转基因烟草中的表达不仅提高了烟草叶片脂肪酸组成中 C16∶3 和 C18∶3 的含量，还增强了烟草对低温的耐受性，C18∶3 含量的提高是烟草适应结冰的低温环境、保持叶片正常发育的前提之一[95,178]。*fad8* 基因编码产物的功能和 *fad7* 基因的相同，但是 *fad8* 基因只在低温诱导时才大量稳定表达，这种同工酶基因在不同条件下的差异表达现象普遍存在于高等植物中[179,180]。通过构建 FAD7 和 FAD8 的嵌合体的研究发现，FAD8 来源的羧基端的 44 个氨基序列对于高温情况下脂肪酸脱氢酶的稳定性的降低起着关键的调节作用。研究发现，温度升高的情况下，不饱和脂肪酸含量降低，伴随的是含有 44 个氨基酸序列的蛋白质的降解，而相应蛋白的转录水平并没有降低。欧芹中 ω^3-脂肪酸脱氢酶基因可以被真菌感染而快速诱导其 mRNA 的表达。用激活剂处理过的欧芹细胞中亚油酸含量快速降低，而 α-亚麻酸的水平反而升高了，说明植物中脂肪酸脱氢酶转录调节也是对病原菌产生反应的一部分[176,181]，表明生物体内脂肪酸代谢也可能起到自身防御功能[175]。

2014,Chen 等[158]在蚕基因组序列确定了 14 个候选家蚕脂肪酸脱氢酶基因。但是大多数昆虫的脂肪酸脱氢酶参与性信息素生物合成途径被广泛研究,对昆虫中脂肪酸脱氢酶在应对生物胁迫和非生物胁迫的差异表达的研究较少[182]。

脂肪酸脱氢酶基因受各种环境因素,如温度、干旱和渗透压力,伤口愈合和真菌感染等影响[11,183-194]。本章研究了蚕蛹在低温(0 ℃、10 ℃、30 ℃)孵化时两种脂肪酸脱氢酶表达水平的变化。数据表明,温度可以调节 $BmFAD3\text{-}like$ 和 $BmD6DES$ 的 mRNA 相对转录水平,$BmFAD3\text{-}like$ 和 $BmD6DES$ 基因受低温诱导的胁迫后,它们的 mRNA 相对转录水平有一定幅度的提升(图 5-1、图 5-2)。真菌侵染可以使 $BmFAD3\text{-}like$ 和 $BmD6DES$ 的 mRNA 表达水平急剧提升,6 h 后达到最高水平,而后逐渐降低。真菌侵染 6 h 后,两个基因的 mRNA 相对转录水平逐渐降低,随着真菌侵染的加剧,蚕蛹体内核酸的降解,蚕蛹体的 $BmFAD3\text{-}like$ 和 $BmD6DES$ mRNA 逐渐检测不到(图 5-3、图 5-4)。近年来,RNAi 技术在导入方法和基因功能分析方面都取得了飞速发展[177]。本章研究了在家蚕蛹体内注射内源性的 siRNA 后 $BmFAD3\text{-}like$ 和 $BmD6DES$ 基因 mRNA 相对转录水平的变化,数据表明两个基因在注射 siRNA 后的 12 h,mRNA 表达量开始有明显的下降,注射 siRNA 对基因 mRNA 相对转录水平的影响最大值在 36 h 后,达到50%~60%,随后,随着 siRNA 的降解,注射 siRNA 对基因表达情况的影响逐渐减小,72 h 后恢复到正常水平。

总之,本章从家蚕蛹体中克隆得到 $BmFAD3\text{-}like$ 和 $BmD6DES$ 基因,在蛹体应对低温诱导胁迫和真菌侵染胁迫时,其 mRNA 相对转录水平有明显上调表达。同时结果显示,注射 siRNA 对两种基因在家蚕蛹体内的 mRNA 相对转录水平有明显的抑制作用,qRT-PCR 检测结果表明,两种脂肪酸脱氢酶基因 mRNA 的相对转录水平有明显下调。

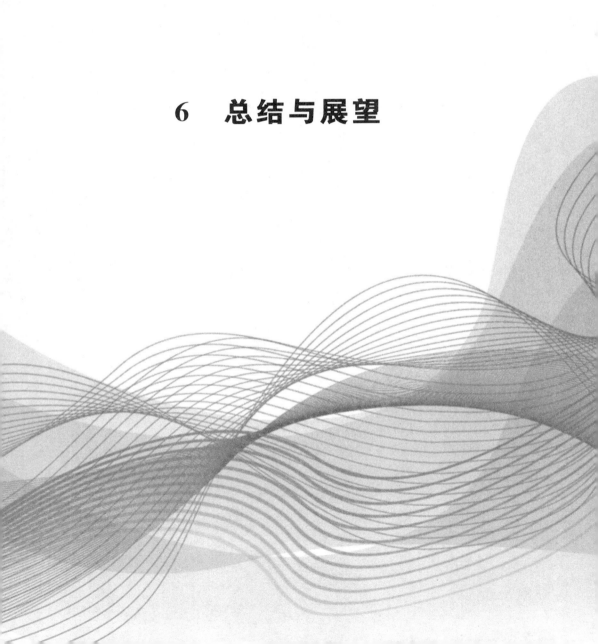

6　总结与展望

　　本书利用生物信息学和分子生物学的技术,从蚕蛹体内克隆得到 *BmFAD3-like* 和 *BmD6DES* 基因,利用 SMART RACE 技术扩增并拼接得到了这两个基因的 cDNA 全长,并对这两个基因序列特性、系统进化关系及表达谱等进行了研究。利用原核表达系统、酿酒酵母表达系统对它们分别进行了表达、表达产物分析和功能鉴定;为探究 *BmFAD3-like* 和 *BmD6DES* 基因的基本功能,利用 qRT-PCR 技术检测,分析了蚕蛹体受到低温诱导、真菌侵染和注射 siRNA 后,*BmFAD3-like* 和 *BmD6DES* 基因在 mRNA 相对转录水平上发生的变化,具体研究结论如下:

　　(1)家蚕 *BmFAD3-like* 和 *BmD6DES* 基因的克隆及序列分析。

　　利用脂肪酸脱氢酶蛋白保守的组氨酸结构域序列对家蚕基因组序列进行同源性检索,设计合成特异性引物,在家蚕蛹体内分别克隆到 1 083 bp 和 1 335 bp 的 cDNA 片段,分别命名为 *BmFAD3-like* 和 *BmD6DES* 基因。利用 cDNA 末端快速扩增技术(RACE)对两个脂肪酸脱氢酶基因进行了 cDNA 全长扩增,*BmFAD3-like* 全长为 1 727 bp,开放阅读框全长 1 083 bp,编码 360 个氨基酸,预测分子量为 41.5 kDa,等电点为 7.1;*BmD6DES* 全长为 2 298 bp,开放阅读框全长 1 335 bp,编码 444 个氨基酸,预测分子量为 51.7 kDa,等电点 8.05。两条基因的编码蛋白均不含信号肽序列。基于家蚕及其他昆虫脂肪酸脱氢酶蛋白保守序列的多序列比对结果,分别构建了 *BmFAD3-like*、*BmD6DES* 和已报道脂肪酸脱氢酶基因系统进化树,从系统进化树的构成来看,与现有已发现的昆虫的脂肪酸脱氢酶基因序列相似性不高(63%)。利用半定量 RT-PCR 方法检测家蚕 *BmFAD3-like* 和 *BmD6DES* 基因在家蚕个体发育过程中的表达模式,发现 *BmFAD3-like* 和 *BmD6DES* 两个基因在家蚕大部分个体(除卵期外)发育期都有表达,只是表达量有差异。其中,*BmFAD3-like* 基因,从蚁蚕期到 3 龄起蚕都有显著表达,从 4 龄起蚕到成蛾产卵期一直持续显著高表达,但是在卵期的表达极弱几乎检测不到。*BmD6DES* 基因在家蚕不同发育时期的表达模式和 *BmFAD3-like* 基因非常相似,不同的是,其蛹期特别是在蛹变态发育期的表达量明显高于其他时期,并且在蛾后期表达有明显的下降,通过分析家蚕幼虫 5 龄 3 d 各组织中 *BmFAD3-like* 和 *BmD6DES* 两个基因的表达模式,发现 *BmFAD3-like* 基因在幼虫 5 龄 3 d 的各个组织器官中均有表达,特别是在卵巢、脂肪体、血淋巴、表皮表达相对较高,在中肠、丝腺中表达量极少。同样,*BmD6DES* 基因在家蚕幼虫 5 龄 3 d 各组织中也均有表达,特别是在脂肪体、表皮、精囊和卵巢表达相对较高,在中肠、丝腺、头部和血淋巴中表达量较少。综合来看,家蚕脂肪酸脱氢酶基因主要在家蚕成虫—蛹—蛾变态发育的后期和脂肪体、表皮和生殖器官中表达,推测其可能与家蚕脂质体的存储、生殖发育、求偶交配、信息素合成有关。

（2）家蚕 *BmFAD3-like* 和 *BmD6DES* 基因原核表达研究。

将 *BmFAD3-like* 和 *BmD6DES* 基因构建重组载体后转入大肠杆菌表 *BL21*（DE3）中，体外表达两个基因的编码蛋白并用含 His-tag 的层析柱纯化所表达蛋白，原核表达的结果显示，*BmFAD3-like* 和 *BmD6DES* 基因所编码的蛋白使用浓度为 1 mmol/L 的 IPTG 诱导 4 h 后，融合蛋白能够被大肠杆菌高效表达；检测结果显示，所表达的两种融合蛋白是部分可溶性蛋白，在大肠杆菌内以包涵体形式存在；蛋白质免疫印迹技术检测结果验证了重组质粒在大肠杆菌 *BL21*（DE3）中获得成功表达，电泳结果显示，所表达蛋白质分子量为 44.3 kDa 和 54.8 kDa，其大小与预测的 *BmFAD3-like* 和 *BmD6DES* 基因编码蛋白质分子量相一致。

（3）家蚕 *BmFAD3-like* 和 *BmD6DES* 基因在酿酒酵母细胞表达研究。

将 *BmFAD3-like* 和 *BmD6DES* 基因双酶切后构建到酿酒酵母表达载体 pY-ES2.0 中，之后将工程菌株进行低温（20 ℃）发酵，发酵液中添加 2%的棉子糖诱导目的基因表达，亚油酸（LA）作为外源底物。通过气相色谱分析工程菌发酵产物的脂肪酸成分，以只含 pYES2.0 空质粒的工程菌为对照，结果发现这两个基因都能在酵母中表达，和对照相比，pYBmFAD3-like 发酵产物中产生了一种新的脂肪酸色谱峰，经鉴定为 α-亚麻酸（ALA）即 C18：3$\Delta^{9,12,15}$，含量占发酵产物总脂肪酸的 2.8%。同样 pYBmD6DES 发酵产物中也产生了一种新的脂肪酸色谱峰，经鉴定为 γ-亚麻酸（GLA），即 C18：3$\Delta^{6,9,12}$，含量占总脂肪酸的 2.1%。

（4）家蚕 *BmFAD3-like* 和 *BmD6DES* 基因的表达调控。

进一步探究 *BmFAD3-like* 和 *BmD6DES* 基因的功能，我们对这两个基因在家蚕蛹体受低温诱导、真菌侵染和 siRNA 介导的 RNAi 处理后的表达情况进行了 qRT-PCR 检测。家蚕 *BmFAD3-like* 和 *BmD6DES* 基因在蛹体受低温诱导后 mRNA 表达量在 0 ℃下 24 h 后有 21%和 18%的上调，但此后 mRNA 的相对转录水平和对照相比并无较大变化，推测低温能诱导 mRNA 的上调表达，但是不能大幅度提升蛋白质（酶）的活性。*BmFAD3-like* 和 *BmD6DES* 基因在真菌侵染的诱导下 mRNA 相对转录水平在 6 h 后分别有 242.3%和 250.2%的上调，12 h 后 mRNA 的相对转录水平超过对照 220.8%和 210.4%，此后，随着侵染程度的增加、蛹体被真菌代谢消耗，到 60 h 后蛹体内 *BmFAD3-like* 基因表达量只有对照的 20%不到。家蚕蛹体 *BmD6DES* 在注射 siRNA 后 mRNA 表达量在 25℃下 12 h 后分别有 7.46%和 8.82%的下调。此后，随着时间的增加，mRNA 的相对转录水平一直下降，到 36 h 后下降达到最大值的 55%和 60.16%，家蚕蛹体内 *BmFAD3-like* 和 *BmD6DES* 基因的 mRNA 相对转录水平能有效地被 siRNA 介导的 RNAi

干涉,并下调表达,但这种效应并不能持久发挥作用。

综合上述试验结果,我们后续可以开展的试验有:首先对家蚕 *BmFAD3-like* 和 *BmD6DES* 在家蚕基因组水平和分子生物学水平进行再分析,获得更为准确,精细的序列特征和基因结构,分析它们潜在的重要功能特性;选择合适的原核表达载体和宿主细胞,通过原核表达系统获得有活性的表达蛋白,为检测脂肪酸脱氢酶的活性打下基础;除了在酿酒酵母表达后采用气质联用色谱仪检测工程菌株发酵产物的脂肪酸组成,还可以把该基因转化到其他脂肪酸脱氢酶基因功能表达系统(如油菜)中,分析其编码酶蛋白催化外源底物亚油酸在相应位置脱氢生成十八碳三烯酸的能力。另外体内进行功能验证时,除了采用实时荧光定量 PCR 分析其在 mRNA 相对转录水平的变化外,还可以用蛋白质免疫印迹技术和气质联用色谱仪方法验证 qRT-PCR 的检测结果。

家蚕基因组中也有相当数量的脂肪酸脱氢酶系,而且家蚕蛹体的脂肪酸组成也是人类很重要的不饱和脂肪酸来源。研究家蚕脂肪酸脱氢酶的功能不仅有助于理解昆虫的生理代谢、机体被动性免疫,还有助于理解家蚕适应环境、求偶配对、信息素合成及信号传递时体内不饱和脂肪酸成分的变化。目前,和家蚕脂肪酸脱氢酶相关的研究较少,现有的成果也较少[125]。

α-亚麻酸和 γ-亚麻酸均为人类必需的多不饱和脂肪酸,参与人体不同组织细胞生物膜的组成,二者在人体内均发挥了重要的生物学功能,但人体内缺乏合成多不饱和脂肪酸的脱氢酶类,需从膳食中补充足够的 α-亚麻酸和 γ-亚麻酸满足机体的正常生理需求,而当下两种多不饱和脂肪酸的产量和质量还远不能满足人类生活中的需求。为此,生物学家和营养学家不断开发新的油脂资源来满足这种需求,蚕蛹油脂也是在这种思路下得以充分利用,蚕蛹油脂肪酸组成具有独特优势,由其开发的蚕蛹油胶囊深受广大消费者的好评,但是蚕桑产业的发展目前正处于转型发展阶段,蚕蛹的产量逐年下降,蛹油资源也不断萎缩,提供新的多不饱和脂肪酸生产途径显得尤为重要和紧迫。本书将克隆得到的家蚕 *BmFAD3-like* 和 *BmD6DES* 基因转入酿酒酵母中,获得了功能性表达,酿酒酵母表达系统非常适合用于验证真核生物基因功能验证。本书利用分子生物学技术首次实现了家蚕两种脂肪酸脱氢酶基因在酿酒酵母 INVSC1 中的成功表达,为多不饱和脂肪酸的生产提供了新的解决思路,也为人类的食品和保健品的开发提供了新的途径。

多不饱和脂肪酸的代谢途径在生物体内是一条重要代谢合成途径,并且通过基础物质乙酰辅酶 A 和其他物质(如糖类、蛋白质和核酸)的代谢联系起来,如第 1 章所述,很多疾病的发生和预防都和多不饱和脂肪酸的调控表达有关,对多不饱和脂肪酸代谢途径中关键酶的克隆表达研究,有助于揭示多不饱和脂肪酸在生物体内的存在形式和作用,对其表达调控的研究可以为将来对家蚕两个脂肪酸脱氢酶的功能研究奠定良好的基础,也可以在某种意义上进一步促进蚕桑资源的综合利用。

参 考 文 献

[1] STUMPF P K. Biosynthesis of saturated and unsaturated fatty acids[J].
     Lipids Structure & Function,1980,4：177-204.

[2] 乌兰巴特尔. 文冠果脂肪酸合成两个关键酶基因 *FAE1* 、*FAD2* 的克隆与
     表达分析[D]. 呼和浩特：内蒙古大学,2015.

[3] 桂丽娟. EPA 合成相关酶基因对棉花的遗传转化[D]. 泰安：山东农业
     大学,2013.

[4] 黎明. 花生四烯酸和二十碳五烯酸合成途径的构建及大豆种子特异性启
     动子的改造[D]. 天津：南开大学,2012.

[5] 綦晓青. 南极冰藻 *Chlamydomonas* sp. ICE-L 脂肪酸脱氢酶基因及其细
     胞膜流动性调控分子机制研究[D]. 青岛：国家海洋局第一海洋研究
     所,2016.

[6] DREESEN T D,ADAMSON A W,TEKLE M,et al. A newly discovered
     member of the fatty acid desaturase gene family:a non-coding, antisense
     RNA gene to Δ^5-desaturase[J]. Prostaglandins, Leukotrienes & Essen-
     tial Fatty Acids,2016,75(2)：97-106.

[7] 黄胜和. 月见草 Δ^6-脂肪酸脱氢酶基因的克隆与异源表达[D]. 呼和浩
     特：内蒙古大学,2009.

[8] HORROBIN D F. Nutritional and medical importance of gamma-linole-
     nic acid[J]. Progress in Lipid Research,1992,31(2)：163-194.

[9] RUSSELL N J. Mechanisms of thermal adaptation in bacteria：blue-
     prints for survival[J]. Trends in Biochemical Sciences, 1984, 9(3)：
     108-112.

[10] HAZEL J R. Thermal adaptation in biological membranes: is homeoviscous adaptation the explanation? [J]. Annual Review of Physiology,1995,57(1): 19-42.

[11] 王蕾,罗才林,徐德林,等. 千里光脂肪酸脱氢酶(D6D)的保守基序(CSM)与功能结构域分析[J]. 江苏农业科学,2016,44(6): 73-77.

[12] LISTED N. Essential fatty acid deficiency in premature infants[J]. Nutrition Reviews,1989,47(2): 39-41.

[13] HOUSLAY M D,GORDON L M. The activity of adenylate cyclase is regulated by the nature of its lipid environment[J]. Current Topics in Membranes & Transport,1983,18(2): 179-231.

[14] THOMPSON G A. Membrane acclimation by unicellular organisms in response to temperature change[J]. Journal of Bioenergetics and Biomembranes,1989,21(1): 43-60.

[15] KRIS-ETHERTON P,DANIELS S R,ECKEL R H,et al. Summary of the scientific conference on dietary fatty acids and cardiovascular health [J]. Circulation,2001,103(7): 1034-1039.

[16] SHAW J T,PURDIE D M,NEIL H A,et al. The relative risks of hyperglycaemia,obesity and dyslipidaemia in the relatives of patients with type II diabetes mellitus[J]. Diabetologia,1999,42(1): 24-27.

[17] CURTIS C L,HUGHES C E,FLANNERY C R,et al. n-3 fatty acids specifically modulate catabolic factors involved in articular cartilage degradation [J]. Journal of Biological Chemistry, 2000, 275 (2): 721-724.

[18] MAYSER P,GRIMM H,GRIMMINGER F. n-3 Fatty acids in psoriasis [J]. British Journal of Nutrition,2002,87(S1): S77-S82.

[19] STENSON W F,CORT D,RODGERS J,et al. Dietary supplementation with fish oil in ulcerative colitis[J]. Annals of Internal Medicine,1992, 116(8): 609-614.

[20] ROSE D P. Effects of dietary fatty acids on breast and prostate cancers: evidence from in vitro experiments and animal studies[J]. The American Journal of Clinical Nutrition,1997,66(6 Suppl): 1513S-1522S.

[21] JIANG W G,BRYCE R P,HORROBIN D F. Essential fatty acids: molec-

ular and cellular basis of their anti-cancer action and clinical implications [J]. Critical Reviews in Oncology/hematology,1998,27(3): 179-209.

[22] HILAKIVI-CLARKE L,STOICA A,RAYGADA M,et al. Consumption of a high-fat diet alters estrogen receptor content,protein kinase C activity,and mammary gland morphology in virgin and pregnant mice and female offspring[J]. Cancer Research,1998,58(4): 654-660.

[23] HORROBIN D F,BENNETT C N. Depression and bipolar disorder: relationships to impaired fatty acid and phospholipid metabolism and to diabetes, cardiovascular disease, immunological abnormalities, cancer, ageing and osteoporosis: possible candidate genes[J]. Prostaglandins,Leukotrienes and Essential Fatty Acids (PLEFA),1999,60(4): 217-234.

[24] INNIS S M. Essential fatty acids in growth and development[J]. Progress in Lipid Research,1991,30(1): 39-103.

[25] UAUY R,PEIRANO P,HOFFMAN D,et al. Role of essential fatty acids in the function of the developing nervous system[J]. Lipids,1996,31(1): S167-S176.

[26] STEVENS L J,ZENTALL S S,DECK J L,et al. Essential fatty acid metabolism in boys with attention-deficit hyperactivity disorder[J]. The American Journal of Clinical Nutrition,1995,62(4): 761-768.

[27] FOREMAN-VAN DRONGELEN M M,AI M D,VAN HOUWELINGEN A C,et al. Comparison between the essential fatty acid status of preterm and full-term infants,measured in umbilical vessel walls[J]. Early Human Development,1995,42(3): 241-251.

[28] CHERUKU S R,MONTGOMERY-DOWNS H E,FARKAS S L,et al. Higher maternal plasma docosahexaenoic acid during pregnancy is associated with more mature neonatal sleep-state patterning[J]. The American Journal of Clinical Nutrition,2002,76(3): 608-613.

[29] SIMOPOULOS A P. Essential fatty acids in health and chronic disease [J]. The American Journal of Clinical Nutrition, 1999, 70 (3 Suppl): 560S-569S.

[30] RIVERS J P W,SINCLAIR A J,CRAWFORD M A. Inability of the cat to desaturate essential fatty acids[J]. Nature,1975,258(5531): 171-173.

[31] TOCHER D R, SARGENT J R. Incorporation into phospholipid classes and metabolism via desaturation and elongation of various ^{14}C-labelled (n-3) and (n-6) polyunsaturated fatty acids in trout astrocytes in primary culture[J]. Journal of Neurochemistry, 1990, 54(6): 2118-2124.

[32] MOURENTE G, TOCHER D R. In vivo metabolism of [1-^{14}C]linolenic acid (18:3(n-3)) and [1-^{14}C]eicosapentaenoic acid (20:5(n-3)) in a marine fish: time-course of the desaturation/elongation pathway[J]. Biochimica et Biophysica Acta, 1994, 1212(1): 109-118.

[33] HENDERSON R J. Fatty acid metabolism in freshwater fish with particular reference to polyunsaturated fatty acids[J]. Archives of Animal Nutrition, 1996, 49(1): 5-22.

[34] QIU X, HONG H P, MACKENZIE S L. Identification of a Δ^4 fatty acid desaturase from *Thraustochytrium* sp. involved in the biosynthesis of docosahexanoic acid by Heterologous expression in *Saccharomyces cerevisiae* and *Brassica juncea*[J]. Journal of Biological Chemistry, 2001, 276(34): 31561-31566.

[35] VOSS A, REINHART M, SANKARAPPA S, et al. The metabolism of 7, 10, 13, 16, 19-docosapentaenoic acid to 4, 7, 10, 13, 16, 19-docosahexaenoic acid in rat liver is independent of a 4-desaturase[J]. Journal of Biological Chemistry, 1991, 266(30): 19995-20000.

[36] SPRECHER H, LUTHRIA D L, MOHAMMED B S, et al. Reevaluation of the pathways for the biosynthesis of polyunsaturated fatty acids[J]. Journal of Lipid Research, 1995, 36(12): 2471-2477.

[37] 刘建民. 高山被孢霉 Δ^6-脂肪酸脱饱和酶基因的克隆及表达分析[D]. 武汉: 华中科技大学, 2007.

[38] ROUGHAN P G, MUDD J B, MCMANUS T T, et al. Linoleate and alpha-linolenate synthesis by isolated spinach (*Spinacia oleracea*) chloroplasts [J]. Biochemical Journal, 1979, 184(3): 571-574.

[39] SLACK C R, ROUGHAN P G, TERPSTRA J. Some properties of a microsomal oleate desaturase from leaves[J]. Biochemical Journal, 1976, 155(1): 71-80.

[40] SINGH A, WARD O P. Microbial production of docosahexaenoic acid

(DHA,C22∶6)[J]. Advances in Applied Microbiology,1997,45∶271-312.

[41] METZ J G,ROESSLER P,FACCIOTTI D,et al. Production of polyunsaturated fatty acids by polyketide synthases in both prokaryotes and eukaryotes[J]. Science,2001,293(5528)∶290-293.

[42] KIM S A,KIM K M,OH B J. Current status and perspective of the insect industry in Korea[J]. Entomological Research,2008,38(s1)∶S79-S85.

[43] 邹燕. 紫苏 ALA 积累模式及 ω³-脂肪酸脱氢酶基因的克隆与原核表达[D]. 重庆∶重庆师范大学,2012.

[44] 杨倩,王四旺,王剑波,等. 高纯度 α-亚麻酸抗血栓活性的初步研究[J]. 现代生物医学进展,2007,7(12)∶1787-1790,1807.

[45] 李冀新,张超,罗小玲. α-亚麻酸研究进展[J]. 粮食与油脂,2006(2)∶10-12.

[46] 倪冉喜. α-亚麻酸的提取分离技术研究进展[J]. 科技创新与应用,2017(13)∶76-77.

[47] EZAKI O,TAKAHASHI M,SHIGEMATSU T,et al. Long-term effects of dietary alpha-linolenic acid from perilla oil on serum fatty acids composition and on the risk factors of coronary heart disease in Japanese elderly subjects[J]. Journal of Nutritional Science & Vitaminology,1999,45(6)∶759-772.

[48] RENAUD S,LANZMANN-PETITHORY D. Dietary fats and coronary heart disease pathogenesis[J]. Current Atherosclerosis Reports,2002,4(6)∶419-424.

[49] KANKAANPÄÄ P,SÜTAS Y,SALMINEN S,et al. Dietary fatty acids and allergy[J]. Annals of Medicine,1999,31(4)∶282-287.

[50] 韩大庆,周丹,王永奇,等. 紫苏油抗衰老作用研究[J]. 中国老年学杂志,1995(1)∶47.

[51] 吕耀平. 紫苏子提取物的生理功能及其在水产养殖中的应用研究进展[J]. 丽水学院学报,2006,28(5)∶48-53.

[52] GILL I,VALIVETY R. Polyunsaturated fatty acids,part 1∶occurrence,biological activities and applications[J]. Trends in Biotechnology,1997,15(10)∶401-409.

[53] RILEY J P. The seed fat of *oenothera biennis* L. [J]. Journal of the Chemical Society,1949：2728-2731.

[54] LIBISCH B, MICHAELSON L V,LEWIS M J, et al. Chimerous of Deltab-fatty acid and Delta8-sphingolipid desaturases[J]. Biochemical & Biophysical Research Communications, 2000, 279(3)：779-785.

[55] FORMAN H J,TORRES M. Reactive oxygen species and cell signaling：respiratory burst in macrophage signaling[J]. American Journal of Respiratory & Critical Care Medicine,2002,166(12)：S4-S8.

[56] WILLIAMS M S,KWON J. T cell receptor stimulation,reactive oxygen species,and cell signaling [J]. Free Radical Biology and Medicine,2004,37(8)：1144-1151.

[57] HATANAKA E,LEVADAPIRES A C,PITHONCURI T C, et al. Systematic study on ROS production induced by oleic, linoleic, and gamma-linolenic acids in human and rat neutrophils[J]. Free Radical Biology and Medicine,2006,41(7)：1124-1132.

[58] FAN Y Y,RAMOS K S,CHAPKIN R S. Dietary gamma-linolenic acid suppresses aortic smooth muscle cell proliferation and modifies atherosclerotic lesions in apolipoprotein E knockout mice[J]. The Journal of Nutrition,2001,131(6)：1675-1681.

[59] BAKSHI A,MUKHERJEE D,BAKSHI A, et al. Gamma-linolenic acid therapy of human gliomas[J]. Nutrition,2003,19(4)：305-309.

[60] MENENDEZ J A,COLOMER R,LUPU R. ω-6 polyunsaturated fatty acid γ-linolenic acid (18：3n-6) is a selective estrogen-response modulator in human breast cancer cells：γ-linolenic acid antagonizes estrogen receptor-dependent transcriptional activity,transcriptionally represses estrogen recepot expression and synergistically enchances ＋amoxifen and ICI182,780 (Faslodex) efficacy in human breast cancer cell[J]. International Journal of Cancer,2004,109(6)：949-954.

[61] DAS U N. Tumoricidal and anti-angiogenic actions of gamma-linolenic acid and its derivatives[J]. Current Pharmaceutical Biotechnology,2006,7(6)：457-466.

[62] COSTE T, PIERLOVISI M, LEONARDI J, et al. Beneficial effects of

gamma linolenic acid supplementation on nerve conduction velocity, Na$^+$, K$^+$ ATPase activity, and membrane fatty acid composition in sciatic nerve of diabetic rats[J]. Journal of Nutritional Biochemistry, 1999, 10(7): 411-420.

[63] KINCHINGTON D, RANDALL S, WINTHER M, et al. Lithium γ-linolenate-induced cytotoxicity against cells chronically infected with HIV-1[J]. Febs Letters, 1993, 330(2): 219-221.

[64] MPANJU O, WINTHER M, MANNING J, et al. Selective cytotoxicity of lithium gamma-linolenic acid in human T cells chronically and productively infected with HIV[J]. Antiviral Therapy, 1997, 2(1): 13-19.

[65] TAKADA R, SAITOH M, MORI T. Dietary gamma-linolenic acid-enriched oil reduces body fat content and induces liver enzyme activities relating to fatty acid beta-oxidation in rats[J]. The Journal of Nutrition, 1994, 124(4): 469-474.

[66] BJERVE K S, FISCHER S, ALME K. Alpha-linolenic acid deficiency in man: effect of ethyl linolenate on plasma and erythrocyte fatty acid composition and biosynthesis of prostanoids[J]. The American Journal of Clinical Nutrition, 1987, 46(4): 570-576.

[67] NAPIER J A, HEY S J, LACEY D J, et al. Identification of a *Caenorhabditis elegans* Delta6-fatty-acid-desaturase by heterologous expression in *Saccharomyces cerevisiae*[J]. Biochemical Journal, 1998, 330 (2): 611-614.

[68] HARWOOD J L. 1-Plant acyl lipids: structure, distribution, and analysis [J]. Lipids Structure & Function, 1980, 4: 1-55.

[69] STUMPF P K. 7-Biosynthesis of saturated and unsaturated fatty acids[J]. Lipids Structure & Function, 1980, 4: 177-204.

[70] JAWORSKI J G. 7-Biosynthesis of monoenoic and polyenoic fatty acids [J]. Lipids Structure & Function, 1987, 9: 159-174.

[71] MCKEON T A, STUMPF P K. Purification and characterization of the stearoyl-acyl carrier protein desaturase and the acyl-acyl carrier protein thioesterase from maturing seeds of safflower[J]. Journal of Biological Chemistry, 1982, 257(20): 12141-12147.

[72] WADA H, SCHMIDT H, HEINZ E, et al. In vitro ferredoxin-dependent

desaturation of fatty acids in cyanobacterial thylakoid membranes[J]. Journal of Bacteriology,1993,175(2):544-547.

[73] JAWORSKI J G,STUMPF P K. Fat metabolism in higher plants: properties of a soluble stearyl-acyl carrier protein desaturase from maturing *Carthamus tinctorius*[J]. Archives of Biochemistry & Biophysics,1974, 162(1):158-165.

[74] BROWSE J,MCCOURT P,SOMERVILLE C R. A mutant of arabidopsis lacking a chloroplast-specific lipid[J]. Science,1985,227(4688):763-765.

[75] ALONSO D L,GARCíA-MAROTO F,RODRíGUEZ-RUIZ J,et al. Evolution of the membrane-bound fatty acid desaturases[J]. Biochemical Systematics & Ecology,2003,31(10):1111-1124.

[76] LOS D A,MURATA N. Structure and expression of fatty acid desaturases [J]. Biochimica et Biophysica Acta,1998,1394(1):3-15.

[77] 李冠,杜钰,黄琼,等. 脂肪酸脱氢酶研究进展[J]. 食品与生物技术学报, 2007,26(2):121-126.

[78] KATES M,PUGH E L,FERRANTE G. Regulation of membrane fluidity by lipid desaturases[M]//KATES M, MANSON L A. Membrane fluidity. NewYork: Springer US,1984:379-395.

[79] DAS T,YUNGSHENG H,MUKERJI P,et al. Δ⁶-Desaturase and γ-linolenic acid biosynthesis: a biotechnology perspective[M]. NewYork:[s. n.],2001.

[80] 王德培. 雅致枝霉 Δ⁶-脂肪酸脱氢酶基因及其启动子的克隆与功能分析 [D]. 天津:南开大学,2006.

[81] TOCHER D R,LEAVER M J,HODGSON P A. Recent advances in the biochemistry and molecular biology of fatty acyl desaturases[J]. Progress in Lipid Research,1998,37(2-3):73-117.

[82] CLEMENT G. Production and characteristic constituents of the algae *Spirulina platensis* and maxima[J]. Annales De La Nutrition Et De L'alimentation,1975,29(6):477-488.

[83] 张昕欣. 毕赤酵母 Δ¹²/ω³-脂肪酸脱氢酶功能与结构的研究[D]. 天津:南开大学,2008.

[84] HE J Y,DENG J J,ZHENG Y H,et al. A synergistic effect on the production of S -adenosyl- L -methionine in *Pichia pastoris* by knocking in of Sa-

denosyl- L -methionine synthase and knocking out of cystathionine-β syn-thase[J]. Journal of Biotechnology,2006,126(4)：519-527.

[85] 郭晓贤. 酿酒酵母乙醇脱氢酶Ⅱ基因的敲除[D]. 福州：福建师范大学,2007.

[86] HARWOOD J L. Recent advances in the biosynthesis of plant fatty acids [J]. Biochimca et Biophysica Acta,1996,1301(1-2)：7-56.

[87] 刘训言,孟庆伟,李滨. 植物 ω^3-脂肪酸去饱和酶的研究进展[J]. 细胞生物学杂志,2004,26(1)：34-38.

[88] BANILAS G,MORESSIS A,NIKOLOUDAKIS N,et al. Spatial and tem-poral expressions of two distinct oleate desaturases from olive (*Olea euro-paea* L.)[J]. Plant Science,2005,168(2)：547-555.

[89] BYFIELD G E,UPCHURCH R G. Effect of temperature on microsomal omega-3 linoleate desaturase gene expression and linolenic acid content in developing soybean seeds[J]. Crop Science,2007,47(6)：2445-2452.

[90] O'NEILL C M,GILL S,HOBBS D,et al. Natural variation for seed oil composition in *Arabidopsis thaliana* [J]. Phytochemistry, 2003, 64 (6)：1077-1090.

[91] ARONDEL V,LEMIEUX B,HWANG I,et al. Map-based cloning of a gene controlling omega-3 desaturation in *Arabidopsis*[J]. Science,1992,258(5086)：1353-1355.

[92] HAMADA T,KODAMA H,TAKESHITA K,et al. Characterization of transgenic tobacco with an increased α-linolenic acid level[J]. Plant Physi-ology,1998,118(2)：591-598.

[93] ANAI T,KOGA M,TANAKA H,et al. Improvement of rice (*Oryza sati-va* L.) seed oil quality through introduction of a soybean microsomal ome-ga-3 fatty acid desaturase gene[J]. Plant Cell Reports,2003,21(10)：988-992.

[94] MURAKAMI Y,TSUYAMA M, KOBAYASHI Y,et al. Trienoic fatty acids and plant tolerance of high temperature[J]. Science, 2000, 287 (5452)：476-479.

[95] KODAMA H,HAMADA T,HORIGUCHI G,et al. Genetic enhancement of cold tolerance by expression of a gene for chloroplast [omega]-3 fatty

acid desaturase in transgenic tobacco[J]. Plant Physiology,1994,105(2)：601-605.

[96]　MURATA N,WADA H. Acyl-lipid desaturases and their importance in the tolerance and acclimatization to cold of cyanobacteria[J]. Biochemical Journal,1995,308(1)：1-8.

[97]　SHANKLIN J,WHITTLE E,FOX B G. Eight histidine residues are catalytically essential in a membrane-associated iron enzyme,stearoyl-CoA desaturase,and are conserved in alkane hydroxylase and xylene monooxygenase[J]. Biochemistry,1994,33(43)：12787-12794.

[98]　OKAYASU T,NAGAO M,ISHIBASHI T,et al. Purification and partial characterization of linoleoyl-CoA desaturase from rat liver microsomes[J]. Archives of Biochemistry & Biophysics,1981,206(1)：21-28.

[99]　REDDY A S,NUCCIO M L,GROSS L M,et al. Isolation of a Δ^6-desaturase gene from the cyanobacterium *Synechocystis* sp. strain PCC 6803 by gain-of-function expression in *Anabaena* sp. strain PCC 7120[J]. Plant Molecular Biology,1993,22(2)：293-300.

[100]　张琦,苗翠苹,李明春,等. Δ^6-脂肪酸脱氢酶的系统进化分析[J]. 云南大学学报(自然科学版),2006,28(5)：450-455,460.

[101]　张琦,李明春,孙红妍,等. Δ^6-脂肪酸脱氢酶的分子生物学研究进展[J]. 生物工程学报,2004,20(3)：319-324.

[102]　SAYANOVA O,SMITH M A,LAPINSKAS P,et al. Expression of a borage desaturase cDNA containing an N-terminal cytochrome b5 domain results in the accumulation of high levels of Δ^6-desaturated fatty acids in transgenic tobacco[J]. Proceedings of the National Academy of Sciences of the United States of America,1997,94(8)：4211-4216.

[103]　HUANG Y S,CHAUDHARY S,THURMOND J M,et al. Cloning of Δ^{12}- and Δ^6-desaturases from *Mortierella alpina* and recombinant production of γ-linolenic acid in *Saccharomyces cerevisiae*[J]. Lipids,1999,34(7)：649-659.

[104]　黄胜和. Δ^6-脂肪酸脱氢酶研究进展[J]. 武汉生物工程学院学报,2010(1)：73-77.

[105]　SAKURADANI E,KOBAYASHI M,SHIMIZU S. Δ^6-fatty acid desatu-

rase from an arachidonic acid-producing *Mortierella fungus*：Gene cloning and its heterologous expression in a fungus,*Aspergillus*[J]. Gene, 1999,238(2)：445-453.

[106] HASTINGS N,AGABA M,TOCHER D R,et al. A vertebrate fatty acid desaturase with Δ^5 and Δ^6 activities[J]. Proceedings of the National Academy of Sciences of the United States of America,2001,98(25)：14304-14309.

[107] SEILIEZ I,PANSERAT S,KAUSHIK S,et al. Cloning,tissue distribution and nutritional regulation of a Δ^6-desaturase-like enzyme in rainbow trout[J]. Comparative Biochemistry & Physiology Part B：Biochemistry & Molecular Biology,2001,130(1)：83-93.

[108] 李明春,刘莉,张丽,等. 深黄被孢霉 Δ^6-脂肪酸脱氢酶基因的克隆及序列分析[J]. 菌物系统,2001,20(1)：44-50.

[109] 刘莉,李明春,胡国武,等. 深黄被孢霉 M6-22 Δ^6-脂肪酸脱氢酶基因在酿酒酵母中的表达[J]. 微生物学报,2001,41(4)：397-401.

[110] 李明春,卜云萍,王广科,等. 深黄被孢霉 Δ^6-脂肪酸脱氢酶基因在大豆中的表达[J]. 遗传学报,2004,31(8)：858-863.

[111] 李明春,孙颖,孙琦,等. 高山被孢霉 Δ^6-脂肪酸脱氢酶基因在毕赤酵母中的胞内表达[J]. 生物工程学报,2004,20(1)：34-38.

[112] HONG H P,DATLA N,REED D W,et al. High-level production of γ-linolenic acid in *Brassica juncea* using a Δ^6 desaturase from *Pythium irregulare*[J]. Plant Physiology,2002,129(1)：354-362.

[113] XIAO Q,HONG H,DATLA N,et al. Expression of borage Δ^6 desaturase in *Saccharomyces cerevisiae* and oilseed crops[J]. Canadian Journal of Botany,2002,80(1)：42-49.

[114] 李明春,刘莉,胡国武,等. 高山被孢霉 Δ^6-脂肪酸脱氢酶基因的克隆、结构分析及其功能的研究[J]. 微生物学报,2003,43(2)：220-227.

[115] 郝彦玲,王颖,朱本忠,等. 卷枝毛霉 Δ^6-脂肪酸脱氢酶基因的克隆及在酿酒酵母中的高效表达[J]. 遗传学报,2005,32(3)：303-308.

[116] 张秀春,郭丽琼,吴坤鑫,等. 双 T-DNA 表达载体转化大豆的研究[J]. 大豆科学,2005,24(4)：291-295.

[117] 张琦,李明春,蔡易,等. 少根根霉 Δ^6-脂肪酸脱氢酶基因在转基因油菜中

的表达[J]. 中国农业科学,2006,39(3):463-469.

[118] ZHOU X R,ROBERT S,SINGH S,et al. Heterologous production of GLA and SDA by expression of an *Echium plantagineum* Δ⁶-desaturase gene[J]. Plant Science,2006,170(3):665-673.

[119] HAO Y L,MEI X H,ZHAO F,et al. Expression of *Mucor circinelloides* gene for Δ⁶ desaturase results in the accumulation of high levels of γ-linolenic acid in transgenic tobacco[J]. Russian Journal of Plant Physiology, 2008,55(1):77-81.

[120] UL'CHENKO N T,GLUSHENKOVA A I. Neutral lipids of the seeds of *Oenothera biennis*[J]. Chemistry of Natural Compounds,1999,35(3): 286-290.

[121] D'ANDREA S,GUILLOU H,JAN S,et al. The same rat Delta6-desaturase not only acts on 18- but also on 24-carbon fatty acids in very-long-chain polyunsaturated fatty acid biosynthesis[J]. The Biochemical Journal,2002,364(1):49-55.

[122] SPERLING P, LEE M, GIRKE T, et al. A bifunctional Δ⁶-fatty acyl acetylenase/desaturase from the moss *Ceratodon purpureus*[J]. European Journal of Biochemistry,2000,267(12):3801-3811.

[123] 何丽君,朱葆华,潘克厚. 膜整合脂肪酸去饱和酶系统进化分析[J]. 安徽农学通报,2007,13(11):35-37.

[124] SPERLING P,TERNES P,ZANK T K,et al. The evolution of desaturases[J]. Prostaglandins, Leukotrienes & Essential Fatty Acids,2003,68 (2):73-95.

[125] ARRESE E L,CANAVOSO L E,JOUNI Z E,et al. Lipid storage and mobilization in insects:current status and future directions[J]. Insect Biochemistry & Molecular Biology,2001,31(1):7-17.

[126] HANSON B J,CUMMINS K W,CARGILL A S,et al. Lipid content,fatty acid composition,and the effect of diet on fats of aquatic insects[J]. Comparative Biochemistry & Physiology Part B:Comparative Biochemistry,1985,80(2):257-276.

[127] STANLEY-SAMUELSON D W,DADD R H. Long-chain polyunsaturated fatty acids:patterns of occurrence in insects[J]. Insect Biochemistry,

1983,13(5)：549-558.

[128] STANLEY-SAMUELSON D W,JURENKA R A,CRIPPS C,et al. Fatty acids in insects：composition,metabolism,and biological significance[J]. Archives of Insect Biochemistry & Physiology,1988,9(1)：1-33.

[129] 胡礼禹. 落叶松毛虫蛹油的提取、分析及其抗氧化稳定性的研究[D]. 哈尔滨：东北林业大学,2012.

[130] THIEDE M A,OZOLS J,STRITTMATTER P. Construction and sequence of cDNA for rat liver stearyl coenzyme A desaturase[J]. Journal of Biological Chemistry,1986,261(28)：13230-13235.

[131] BREMER J,NORUM K R. Metabolism of very long-chain monounsaturated fatty acids（22：1）and the adaptation to their presence in the diet [J]. Journal of Lipid Research,1982,23(2)：243-256.

[132] WANG D L,DILLWITH J W,RYAN R O,et al. Characterization of the acyl-CoA desaturase in the housefly,*Musca domestica* L. [J]. Insect Biochemistry,1982,12(5)：545-551.

[133] GONZÁLEZ-BUITRAGO J M,MEGÍAS A,MUNICIO A M,et al. Fatty acid elongation and unsaturation by mitochondria and microsomes during development of insects[J]. Comparative Biochemistry & Physiology B：Comparative Biochemistry,1979,64(1)：1-10.

[134] TIETZ A,STERN N. Stearate desaturation by microsomes on the locust fat-body[J]. Febs Letters, 1969,2(5)：286-288.

[135] LIU W,MA P W,MARSELLAHERRICK P,et al. Cloning and functional expression of a cDNA encoding a metabolic acyl-CoA delta 9-desaturase of the cabbage looper moth,*Trichoplusia ni*[J]. Insect Biochemistry and Molecular Biology,1999,29(5)：435-443.

[136] BJOSTAD L B,ROELOFS W L. Sex pheromone biosynthesis from radiolabeled fatty acids in the redbanded leafroller moth[J]. Journal of Biological Chemistry,1981,256(15)：7936-7940.

[137] SVATOŠ A,KALINOVÁ B,BOLAND W. Stereochemistry of lepidopteran sex pheromone biosynthesis：a comparison of fatty acid-CoA Δ^{11}-desaturases in *Bombyx mori* and *Manduca sexta* female moths[J]. Insect Biochemistry & Molecular Biology,1999,29(3)：225-232.

[138] LIU W,JIAO H,O'CONNOR M,et al. Moth desaturase characterized that produces both Z and E isomers of Δ^{11}-tetradecenoic acids[J]. Insect Biochemistry & Molecular Biology,2002,32(11):1489-1495.

[139] BLOMQUIST G J,DWYER L A,CHU A J,et al. Biosynthesis of linoleic acid in a termite,cockroach and cricket[J]. Insect Biochemistry,1982,12(3):349-353.

[140] CRIPPS C,BORGESON C,BLOMQUIST G J,et al. The Δ^{12}-desaturase from the house cricket,*Acheta domesticus* (Orthoptera:Gryllidae):characterization and form of the substrate[J]. Archives of Biochemistry & Biophysics,1990,278(1):46-51.

[141] ZHOU X R,HORNE I,DAMCEVSKI K,et al. Isolation and functional characterization of two independently-evolved fatty acid Δ^{12}-desaturase genes from insects[J]. Insect Molecular Biology,2008,17(6):667-676.

[142] YADAV N S,WIERZBICKI A,AEGERTER M,et al. Cloning of higher plant omega-3 fatty acid desaturases[J]. Plant Physiology,1993,103(2):467-476.

[143] MICHAELSON L V,NAPIER J A,LEWIS M,et al. Functional identification of a fatty acid Δ^5 desaturase gene from *Caenorhabditis elegans*[J]. Febs Letters,1998,439(3):215-218.

[144] REDDY A S,THOMAS T L. Expression of a cyanobacterial delta 6-desaturase gene results in gamma-linolenic acid production in transgenic plants[J]. Nature Biotechnology,1996,14(5):639-642.

[145] ZHANG Q,LI M C,SUN Y,et al. Cloning and heterologous expression of a novel delta6 -desaturase gene from *Rhizopus arrhizus* NK030037[J]. Acta genetica Sinica,2004,31(7):740-749.

[146] TOMOTAKE H,KATAGIRI M,YAMATO M. Silkworm pupae (*Bombyx mori*) are new sources of high quality protein and lipid[J]. Journal of Nutritional Science & Vitaminology,2010,56(6):446-448.

[147] E X,LU F P,WANG H K,et al. Studies on extraction of silkworm pupa oil by mixed organic solvent method[J]. Food Research & Development,2007,28(4):32-35.

[148] CHENG T C,XIA Q Y,QIAN J F,et al. Mining single nucleotide poly-

morphisms from EST data of silkworm, *Bombyx mori*, inbred strain *Dazao*[J]. Insect Biochemistry & Molecular Biology, 2004, 34 (6): 523-530.

[149] MITA K, MORIMYO M, OKANO K, et al. The construction of an EST database for *Bombyx mori* and its application[J]. Proceedings of the National Academy of Sciences of the United States of America, 2003, 100 (24): 14121-14126.

[150] XIA Q Y, ZHOU Z Y, LU C, et al. A draft sequence for the genome of the domesticated silkworm (*Bombyx mori*)[J]. Science, 2004, 306 (5703): 1937-1940.

[151] MITA K, KASAHARA M, SASAKI S, et al. The genome sequence of silkworm, *Bombyx mori*[J]. DNA Research, 2004, 11(1): 27-35.

[152] XIA Q Y, CHENG D J, DUAN J, et al. Microarray-based gene expression profiles in multiple tissues of the domesticated silkworm, *Bombyx mori* [J]. Genome Biology, 2007, 8(8): R162.

[153] YOSHIGA T, OKANO K, MITA K, et al. cDNA cloning of acyl-CoA desaturase homologs in the silkworm, *Bombyx mori*[J]. Gene, 2000, 246 (2): 339-345.

[154] MOTO K I, SUZUKI M G, HULL J J, et al. Involvement of a bifunctional fatty-acyl desaturase in the biosynthesis of the silkmoth, *Bombyx mori*, sex pheromone[J]. Proceedings of the National Academy of Sciences of the United States of America, 2004, 101(23): 8631-8636.

[155] 马艳,沈以红,鲁成. 家蚕脂肪酸去饱和酶基因的克隆及功能分析[C] // 中国蚕学会. 中国蚕学会第八届暨国家蚕桑产业技术体系家(柞)蚕遗传育种及良种繁育学术研讨会,2011,07.

[156] 陈全梅,程道军,马振刚,等. 家蚕和野桑蚕脂肪酸脱氢酶 desat4 全长 cD-NA 和启动子的克隆及其原核表达[J]. 昆虫学报,2012,55(8): 885-894.

[157] 于新波,张洪燕,韩民锦,等. 家蚕脂肪酸去饱和酶基因鉴定及表达分析 [C] // 中国蚕学会第八届青年学术研讨会,2014,08.

[158] CHEN Q M, CHENG D J, LIU S P, et al. Genome-wide identification and expression profiling of the fatty acid desaturase gene family in the silkworm, *Bombyx mori*[J]. Genetics & Molecular Research, 2014, 13(2):

3747-3760.

[159] 周良宵. 家蚕 *3-dehydroecdysone 3β-reductase* 基因在家蚕免疫体系中的功能分析[D]. 重庆：西南大学,2013.

[160] 张燕. 橘林油脂酵母 Δ⁹-和 Δ¹⁵-脂肪酸去饱和酶基因的克隆及功能验证[D]. 武汉：华中农业大学,2011.

[161] 朱贵明. ω³-脂肪酸去饱和酶基因的克隆、鉴定及转基因小鼠的制备[D]. 咸阳：西北农林科技大学,2006.

[162] 钱伦. 大黄鱼 *PPARβ* 基因的 cDNA 克隆和组织表达[D]. 宁波：宁波大学,2010.

[163] 宋娟娟. 鲈鱼 *BHMT* 基因的 cDNA 克隆和组织表达[D]. 宁波：宁波大学,2011.

[164] 吴凡. 家蚕新突变体二龄不眠蚕基因的定位克隆及功能研究[D]. 镇江：江苏科技大学,2016.

[165] 冯亮. 我国取得又一里程碑式科学成就家蚕基因组框架图绘制完成[J]. 蚕学通讯,2004,24(1)：22-23.

[166] 罗尤海,余富中. 科普蚕饲养的意义与在中小学生物学教学中的作用[J]. 蚕学通讯,2005,25(3)：41-43.

[167] 杨微. 家蚕羧酸酯酶基因的克隆、序列分析及原核表达[D]. 重庆：重庆大学,2011.

[168] 萨姆布鲁克,拉塞尔,等. 分子克隆实验指南(精编版)[M]. 北京：化学工业出版社,2008.

[169] 林萍. 中间锦鸡儿油酸脱氢酶(*FAD2*)基因克隆及酵母表达调控的研究[D]. 北京：中国林业科学研究院,2008.

[170] 张洪涛,单雷,全先庆,等. 花生 Δ¹² 脂肪酸脱氢酶基因 *AhFAD2B* 在酿酒酵母中的表达及功能分析[J]. 花生学报,2006,35(1)：1-7.

[171] TEIXEIRA M C,CARVALHO I S,BRODELIUS M. ω³-Fatty acid desaturase genes isolated from purslane (*Portulaca oleracea* L.)：expression in different tissues and response to cold and wound stress[J]. Journal of Agricultural & Food Chemistry,2010,58(3)：1870-1877.

[172] LOS D A,RAY M K,MURATA N. Differences in the control of the temperature-dependent expression of four genes for desaturases in *Synechocystis* sp. PCC 6803[J]. Molecular Microbiology,1997,25(6)：

1167-1175.

[173] 张芳转,周晶,陈光辉,等. 低温对 2 种紫草科植物 Δ^6-脂肪酸脱氢酶基因表达的影响[J]. 西北农业学报,2011,20(8):101-105.

[174] 于爱群,石桐磊,张飙,等. 低温和外源不饱和脂肪酸对高山被孢霉脂肪酸脱氢酶基因表达的影响[J]. 微生物学报,2012,52(11):1369-1377.

[175] KIRSCH C,HAHLBROCK K,SOMSSICH I E. Rapid and transient induction of a parsley microsomal Δ^{12} fatty acid desaturase mRNA by fungal elicitor [J]. Plant Physiology,1997,115(1):283-289.

[176] KIRSCH C,TAKAMIYA-WIK M,REINOLD S,et al. Rapid,transient,and highly localized induction of plastidial ω^3- fatty acid desaturase mRNA at fungal infection sites in *Petroselinum crispum* [J]. Proceedings of the National Academy of Sciences of the United States of America,1997,94(5):2079-2084.

[177] 杨中侠,文礼章,吴青君,等. RNAi 技术在昆虫功能基因研究中的应用进展[J]. 昆虫学报,2008,51(10):1077-1082.

[178] KODAMA H,HORIGUCHI G,NISHIUCHI T,et al. Fatty acid desaturation during chilling acclimation is one of the factors involved in conferring low-temperature tolerance to young tobacco leaves[J]. Plant Physiology,1995,107(4):1177-1185.

[179] GIBSON S,ARONDEL V,IBA K,et al. Cloning of a temperature-regulated gene encoding a chloroplast omega-3 desaturase from *Arabidopsis thaliana* [J]. Plant Physiology,1994,106(4):1615-1621.

[180] BROWSE J,SOMERVILLE C. Glycerolipid synthesis:biochemistry and regulation [J]. Annual Review of Plant Physiology & Plant Molecular Biology,1991,42:467-506.

[181] HAMADA T,NISHIUCHI T,KODAMA H,et al. cDNA Cloning of a wounding-inducible gene encoding a plastid ω^3- fatty acid desaturase from tobacco[J]. Plant & Cell Physiology,1996,37(5):606-611.

[182] MATSUMOTO S. Molecular mechanisms underlying sex pheromone production in moths [J]. Bioscience, Biotechnology, and Biochemistry,2010,74(2):223-231.

[183] 朱金鑫,孙金金,原晓龙,等. 滇牡丹 ω^3-脂肪酸脱氢酶基因克隆与功能分

析[J]. 中国油脂,2017,42(2):102-106.

[184] 魏著英,菅璐,杨磊,等. 胡麻脂肪酸脱氢酶基因 *fad3b* 过表达小鼠模型的建立及其功能分析[J]. 中国细胞生物学学报,2017,39(2):172-181.

[185] 王俊娟,王帅,陆许可,等. 棉花幼苗对低温胁迫的响应及抗冷机制初步研究[J]. 棉花学报,2017,29(2):147-156.

[186] ZHU B H,TU C C,SHI H P,et al. Overexpression of endogenous delta-6 fatty acid desaturase gene enhances eicosapentaenoic acid accumulation in *Phaeodactylum tricornutum*[J]. Process Biochemistry,2017,57:43-49.

[187] 王长远,全越,沈冰蕾,等. 深黄被孢霉 Δ⁶-脂肪酸脱氢酶基因在毕赤氏酵母 SMD1168 中表达的研究[J]. 农产品加工月刊,2016(7):1-3,8.

[188] WANG Y,ZHANG S,PÖTTER M,et al. Overexpression of Δ¹²-fatty acid desaturase in the oleaginous yeast *Rhodosporidium toruloides* for production of linoleic acid-rich lipids[J]. Applied Biochemistry & Biotechnology,2016,180(8):1497-1507.

[189] 吴景,郑先虎,匡友谊,等. 镜鲤 Δ⁶-脂肪酸脱氢酶 cDNA 的克隆与表达[J]. 水产学杂志,2015,28(1):11-17.

[190] HERNÁNDEZ M L,SICARDO M D,MARTÍNEZRIVAS J M. Differential contribution of endoplasmic reticulum and chloroplast ω³- fatty acid desaturase genes to the linolenic acid content of olive (*Olea europaea*) Fruit[J]. Plant & Cell Physiology,2016,57(1):138-151.

[191] BHUNIA R K,CHAKRABORTY A,KAUR R,et al. Enhancement of α-linolenic acid content in transgenic tobacco seeds by targeting a plastidial ω³- fatty acid desaturase (*fad7*) gene of *Sesamum indicum* to ER[J]. Plant Cell Reports,2016,35(1):213-226.

[192] 杨溪. 深黄被孢霉诱变菌株 Δ⁵-脂肪酸脱氢酶基因在酵母中的表达[D]. 大庆:黑龙江八一农垦大学,2015.

[193] 吴列洪,李付振,吴学龙,等. 花生 ω³(Δ¹⁵)-脂肪酸脱氧酶基因 *AhFAD3A* 的克隆及其表达[J]. 中国油料作物学报,2015,37(1):41-47.

[194] SHI H,CHEN H,GU Z,et al. Application of a delta-6 desaturase with α-linolenic acid preference on eicosapentaenoic acid production in *Mortierella alpina*[J]. Microbial Cell Factories,2016,5(1):117.